MODELO ESTRATÉGICO PARA LA PRODUCCIÓN DE STEVIA

EN EL SECTOR PRIMARIO BAJO CONDICIONES DE INVERNADERO EN LA SIERRA NORTE DEL ESTADO DE PUEBLA

MODELO ESTRATÉGICO PARA LA PRODUCCIÓN DE STEVIA

EN EL SECTOR PRIMARIO BAJO CONDICIONES DE INVERNADERO EN LA SIERRA NORTE DEL ESTADO DE PUEBLA

SERGIO HERNÁNDEZ CORONA
INGRID NINETH PINTO LÓPEZ
JOSÉ VÍCTOR GALAVIZ RODRÍGUEZ
DAVID GALLARDO GARCÍA

Número de Control de la Biblioteca del Congreso: 2022904885
ISBN: Tapa Blanda   978-1-5065-4709-1
               Libro Electrónico   978-1-5065-4708-4

Fecha de revisión: 11/03/2022

Para realizar pedidos de este libro, contacte con:
Palibrio
1663 Liberty Drive
Suite 200
Bloomington, IN 47403
Gratis desde EE. UU. al 877.407.5847
Gratis desde México al 01.800.288.2243
Gratis desde España al 900.866.949
Desde otro país al +1.812.671.9757
Fax: 01.812.355.1576
ventas@palibrio.com
840675

AGRADECIMIENTOS

Gracias a mi esposa y a mis hijas, Alma Yizel, Katia y
Tania, por todo el apoyo brindado en los momentos que
más necesité de ellas, en especial a mi esposa ya que fue una
parte importante en la culminación de este trabajo.

Doy gracias a mis padres que también por sus consejos
he logrado culminar una etapa más de mi vida.

Doy gracias a mi hermano Francisco Hernández Corona,
por los consejos que me brindo en algún momento de
su vida y que gracias a ellos he culminado este libro,
te doy las gracias a donde quiera que tu estés.

También agradezco el apoyo brindado por mi hermano José
Luis, gracias a su apoyo logré desarrollar este trabajo, y a mi
hermana Mariela por todo el apoyo moral que me brindó.

COMITÉ EDITORIAL

Dra. Yesmin Panecatl Bernal
Pertenece al SNI Nivel Candidata
Instituto Tecnológico Superior de la Sierra Norte de Puebla
panecatlbernal@gmail.com
Profesor de asignatura

Dr. Edgar Hernández Palafox
Instituto Tecnológico Superior de la Sierra Norte de Puebla
Edgar.hc@zacatlan.tecnm.mx
Profesor de asignatura

CRÉDITOS A LA INSTITUCIÓN

Instituto Tecnológico Superior de la Sierra Norte de Puebla (ITSSNP).

Universidad Popular Autónoma del Estado de Puebla (UPAEP).

Universidad Tecnológica de Tlaxcala (UTT).

Universidad Politécnica de Tlaxcala (UPT).

CUERPOS ACADÉMICOS PARTICIPANTES RECONOCIDOS POR PRODEP

Instituto Tecnológico Superior de la Sierra Norte de Puebla
CIENCIAS DE LA INGENIERIA ITESNP-CA-1

Universidad Tecnológica de Tlaxcala
INGENIERÍA EN PROCESOS   UTTLAX-CA-2

Universidad Politécnica de Tlaxcala (UPT)
INGENIERÍA INDUSTRIAL UPTLAX-CA-1

ÍNDICE

INDICE DE FIGURAS

INDICE DE TABLAS

RESUMEN

El aumento de la demanda nacional e internacional y la baja disposición de materia prima de Stevia ha generado iniciativas para identificar superficies aptas para su cultivo Ramirez & Lozano (2017).

La Stevia Rebaudiana Bertoni, es un cultivo que ha cobrado importancia en la industria alimentaria, tanto en México como en el mundo, por ser un edulcorante natural sin calorías. Las hojas molidas son hasta 30 veces más dulces que el azúcar de caña y los cristales hasta 300 veces más. Adicionalmente, la Stevia tiene propiedades benéficas para la salud humana (Salvador, Sotelo, & Paucar, 2014). La Stevia por tanto se propone como una alternativa para enfrentar la problemática que actualmente tienen los productores de la Sierra Norte de Puebla. En esta zona, los productores son menos favorecidos para la mejora en cuanto a su posición competitiva ya que la gran mayoría de ellos produce jitomate y no innovan su sistema de producción. Así mismo cabe resaltar que el aprendizaje de los mencionados productores es autodidacta, lo que ha derivado en malas prácticas con un gran impacto en los productores y en los empleados. Ante tales circunstancias, se hacen indispensables nuevas estrategias y modelos que permitan a los productores mejorar sus procesos con recursos humanos especializados, acceso a la tecnología, información, infraestructura y de manera primordial conocimiento para poder competir en un mercado globalizado. A raíz de lo anterior, el principal objetivo de la presente investigación es desarrollar un Modelo Estratégico para la producción del cultivo de Stevia bajo condiciones de invernadero en la Sierra Norte de Puebla, con el fin de favorecer el conocimiento de los productores de la región. Con esto se contribuye a un incremento de la productividad y propicia una cultura hacia la innovación en las localidades de Tetela de Ocampo, San Vicente y Tonalapa, Aquixtla y Zacatlán Puebla. Los datos que reportan se obtuvieron a través de una encuesta y entrevistas realizadas a los diferentes productores y mediante la aplicación de un piloto desarrollado en la Sierra Norte. La validación y confiabilidad del instrumento de medición se estimó mediante el Alpha de Cronbach, cuyo resultado fue de 0.86 lo que demuestra la confiabilidad del instrumento. Uno de los principales resultados que se encontraron es que la planta de Stevia es un cultivo muy rentable pues la misma al presentar condiciones promisorias aguanta temperaturas bajas de -4° y altas de 40° en la zona de Zacatlán perteneciente a la Sierra Norte del Estado de Puebla. Resulta interesante observar cómo el consumo de esta planta ya sea como hierba o como productos industrializados derivados de esta especie vegetal está destinado a sustituir el mercado en los distintos usos de edulcorantes sintéticos tales como las sacarinas, aspartamo, splenda, advantame. El excesivo consumo de azúcar de caña o sacarosa acarrea efectos nocivos para la salud humana, por lo que se estima que en un futuro no muy lejano la planta de Stevia estará destinada a competir con ellas por un mercado mundial. La investigación ha demostrado que es necesaria la implementación de un modelo estratégico para la producción de Stevia, ya que es una planta que no requiere de muchos cuidados ni requiere de fumigación continua, como sucede con el jitomate lo cual provoca que las personas se enfermen constantemente por la falta de equipo de seguridad.

INTRODUCCIÓN

La Stevia es una planta herbácea perenne (Asteraceae), nativa de Paraguay (Sud América) y cultivada en países de casi todos los continentes, la cual tiene gran importancia debido al contenido de edulcorantes naturales y bajos en calorías, lo que es benéfico para la salud de personas con padecimientos de diabetes y con sobrepeso (Gantait, Arpita, & Nirmal, 2015).

Katarzyna & Zbigniew (2015) mencionan que la Stevia tiene una serie de aplicaciones muy amplia en todo el mundo no solo como edulcorante, sino como aditivo alimentario que reduce el valor energético de los productos alimenticios. Numerosos estudios revelan todas las propiedades promotoras de la Stevia, así como sus aplicaciones potenciales como sustancias coadyuvantes que benefician en tratamientos para muchas e inumerables enfermedades crónicas. A partir de lo anterior se hace latente la necesidad de más investigación para determinar las interacciones de los metabolitos de stevia con los componentes alimentarios para de esta manera corroborar la ingesta diaria aceptable de este aditivo alimentario así como su producción partiendo del proceso de germinación.

La problemática que actualmente tienen los productores de la zona de la Sierra Norte de Puebla deriva de que estos mismos son los menos favorecidos para la mejora en cuanto a su posición competitiva ya que la gran mayoría de ellos produce jitomate y no innovan su sistema de producción. Así mismo cabe resaltar que el aprendizaje de los mencionados productores es autodidacta, lo que ha derivado en malas prácticas con un gran impacto en los productores y en los empleados. Ante tales circunstancias, se hacen indispensables nuevas estrategias y modelos que permitan a los productores mejorar sus procesos con recursos humanos especializados, acceso a la tecnología, información, infraestructura y de manera primordial conocimiento para poder competir en un mercado globalizado.

El objetivo de la presente investigación se enfoca en desarrollar un Modelo Estratégico para la producción del cultivo de Stevia bajo condiciones de invernadero en la Sierra Norte de Puebla, con el fin de favorecer el conocimiento de los productores de la región, contribuyendo a un incremento en su productividad y propiciando una cultura encaminada a la innovación.

Las organizaciones hoy en día tienen que competir a nivel regional, nacional e internacional dependiendo el ramo al que pertenezcan. Por tal razón, la organización tiene que buscar la manera de mejorar sus niveles de calidad y productividad para ser capaces de competir y alcanzar las metas planteadas.

La investigación realizada consta de seis capítulos redactados de la siguiente manera: en el capítulo 1 se define el propósito de la investigación. El capítulo 2 se establece el marco teórico es decir toda la teoría que soporta la investigación. El capítulo 3 se refiere al marco contextual partiendo tanto del nivel internacional como nacional. En el capítulo 4 se desarrolla la parte de la metodología desarrollada en la investigación. En el capítulo 5 se presentan los resultados obtenidos. En el capítulo 6 se describe el modelo planteado. En el capítulo 7 se presentan las conclusiones y recomendaciones, así como las referencias bibliográficas y un anexo.

En el ámbito mundial se ha generado una tendencia hacia el consumo de alimentos saludables, de origen natural, debido a que las personas se han percatado de la importancia del cuidado de la salud. De acuerdo a estudios realizados en México, una de cada tres personas está afectada por obesidad, tanto en hombres como en mujeres Secretaria de Salud (SS) (2013). En el caso de los Estados Unidos de América, un estudio reveló que existen cerca de 160 millones de personas que hacen uso de un sustituto dietético, resaltando el Aspartame como el edulcorante más utilizado para endulzar bebidas, lácteos, repostería, confitería, etc. Sin embargo, la dependencia al consumo de estas sustancias trae consigo varios riesgos, tales como el aumento en los niveles de glucosa en la sangre de personas con diabetes y personas con obesidad Méndez & Saravia (2012). México ocupa el segundo lugar en obesidad del mundo, y el aumento de diabetes en la población no disminuye, en ese sentido, ha crecido la demanda de sustitutos de azúcar de caña especialmente para personas con enfermedades degenerativas (Ramírez, Avilés, Moguel, Góngora, & May, 2012).

Cabe mencionar que la agricultura protegida en la actualidad es de gran importancia ya que se realiza bajo estructuras construidas con la finalidad de evitar las restricciones que el medio impone al desarrollo de las plantas. Así, mediante el empleo de diversas cubiertas, se reducen las condiciones restrictivas del clima sobre los vegetales. A través de los años pero sobre todo en las últimas décadas se han desarrollado varios tipos de estructuras para la protección de las plantas que proponen diferentes alternativas las cuales generan condiciones ambientales óptimas para el desarrollo de cultivos de acuerdo a los requerimientos climáticos de cada región (Juárez L. P., et. alt., 2011).

Finalmente, en México existen muchas regiones con condiciones naturales idóneas para establecer invernaderos, debido a ello la agricultura protegida se ha desarrollado en forma acelerada, ya que permite obtener productos de calidad tanto para el mercado nacional como de exportación, de esta forma el empleo de invernaderos están contribuyendo ampliamente en la producción de alimentos y en el desarrollo de varias zonas agrícolas de México.

CAPÍTULO I

DEFINICIÓN Y PROPÓSITO DE LA INVESTIGACIÓN

1.1. PLANTEAMIENTO DEL PROBLEMA

Día con día se van incrementando y desarrollando nuevas organizaciones, para poder mantenerse se debe de contar con planes de acción que puedan ser adaptables a cualquier entorno, se recomienda diseñar e implementar un Modelo Estratégico robusto para poder competir tanto a nivel regional, nacional e internacional. Toda organización busca la mejor manera de lograr dirigirse hacia mejores niveles tanto de calidad como de productividad, aumentando el desempeño global y sus metas establecidas Fuentes & Luna (2011). Para Bracamonte, Arreola, Osorio, & Jesús (2013) el desarrollar, implementar y evaluar estrategias es lograr que los objetivos de una organización se alcancen permitiendo tanto identificar como revelar ciertas metodologías y herramientas básicas para que el administrador pueda gestionar correctamente todas las oportunidades y evite las oscilaciones de los mercados, así como la falta de conocimientos administrativos y adelantos tecnológicos que más adelante se conviertan en una amenaza para la empresa.

La estrategia es elegir el futuro de la empresa para conocer la forma de cómo alcanzarlo mediante un esquema el cual brinde coherencia en donde se puedan unificar las decisiones que los empresarios pudieran tomar (Araya, 2017).

Los modelos estratégicos requieren que las personas encargadas, que son las que toman las decisiones en una organización, tengan claridad en las estrategias a implementar, así como también el cómo se van a utilizar y ajustar de acuerdo a los diferentes problemas que se presentan conforme la empresa va creciendo y posicionándose dentro del mercado como menciona Contreras (2013). En esta batalla que vienen librando los empresarios por mantener niveles competitivos, se hace necesaria la búsqueda de alternativas que permitan enfrentar esos cambios al momento de su ocurrencia, lo que ha precisado una evolución de las técnicas de dirección, que se basan cada vez más en la planificación como parte del perfeccionamiento, siendo una potente herramienta que mejora los resultados de toda organización (Rodríguez, 2010).

Ramirez & Lozano (2016), mencionan que en México existen más de tres millones de hectáreas en condición óptima y un millón en nivel subóptimo, por lo que, sí es factible aumentar la producción de Stevia, sobre todo en la región del Pacífico, el Golfo y en menor medida en la Península de Yucatán.

Para Ramírez & Lozano (2017), la Stevia puede ser para los productores de México un cultivo innovador y muy rentable, presentando condiciones promisorias del mercado tanto interno como externo.

Los resultados de un análisis descriptivo Cruz & Mayrén (2014), indican que el sector primario ha contribuido tanto al estancamiento económico como al reforzamiento de las restricciones externas, el análisis intenta ilustrar cómo el sector primario está relacionado con el resto de la economía, en particular con el sector industrial, tambien en este mismo se identifica en qué medida está contribuyendo al estancamiento económico mexicano partiendo del año 1998 en la rama de la agricultura, industria y servicios hasta el 2012, asi mismo no ha sido significativo para la dinámica del sector agrícola e industrial, sugiriendo que en el largo plazo ambos sectores pudieran mantener una cierta relación, aunque de carácter negativo, lo cual reforzaría los hallazgos previos en el sentido de que el sector primario frena el crecimiento Sanchez & Turceková (2017), mencionan que la contribución del valor añadido generado por el sector primario seguirá disminuyendo marginalmente en los años subsiguientes, sin embargo, el valor añadido concebido por el trabajador a la actividad agrícola seguirá mostrando una tendencia creciente. Se espera que, en el corto plazo se mantengan las áreas destinadas a las actividades agrícolas mientras que se prevé que exista una ligera disminución en las extensiones agrícolas regadas. La utilización de tractores seguirá disminuyendo a través del tiempo. El consumo de fertilizantes por hectárea permanecerá incrementándose y se espera que en el corto plazo se continúe con el acceso al agua que se tiene actualmente en las poblaciones rurales.

Para Sophie (2017), el diagnóstico del sector agropecuario a nivel nacional muestra dificultades en la producción por los altos costos de la misma, y poca competitividad ante las importaciones. Aunado a lo anterior, las unidades que se produjeron muestran una gran heterogeneidad y envejecimiento de la planta productiva, pocas capacidades financieras y técnicas, así como comercialización. Asimismo, enfrentan un deterioro ambiental debido a prácticas productivas insustentables, lo cual genera pérdidas económicas para el sector. Ante este panorama, es necesaria una reconversión a prácticas más sustentables, integrar el valor de los servicios eco sistémicos, generar cadenas de mercado adecuadas e integrar la dimensión ambiental en las políticas públicas y establecer mecanismos claros para su implementación en el territorio.

En el ámbito agrícola, las malas prácticas han ocasionado el agotamiento y la degradación de la tierra y del agua, esto afecta gravemente la capacidad de cultivar alimentos y otros productos necesarios para sustentar los medios de vida en zonas rurales y satisfacer las necesidades de la población urbana. A fin de aumentar los rendimientos y la productividad agrícola además de reducir al mínimo ciertas condiciones restrictivas del clima sobre los vegetales, se utilizan algunas de las modernas técnicas de cultivo que se han implementado, cómo es el caso de la agricultura protegida. Eso hace referencia a una amplia variedad de técnicas, estrategias y estructuras que se utilizan para proteger cultivos. Mismas que van desde una simple bolsa que se coloca en los racimos de los plátanos para protegerlos durante su desarrollo, hasta invernaderos altamente tecnificados en los cuales se tiene control completo de los factores ambientales (Bastida, A. 2013).

Los modelos estratégicos hoy en día son importantes para las organizaciones y principalmente para las personas que toman decisiones respecto a problemas que se pudieran presentar en las organizaciones, es por ello que se buscan diferentes alternativas de modelos de trabajo que permitan el cambio y la evolución en la implementación de los mismos, ya que esto beneficiará al futuro de la organización y se cumplirá tanto en los objetivos como en las metas planteadas de las organizaciones.

Cabe mencionar que en el país aún no se ha introducido el cultivo de Stevia bajo condiciones de invernadero ni en la Sierra Norte de Puebla por eso es necesario un modelo estratégico el cual beneficie a los productores de los distintos invernaderos de la región del sector primario, ya que este mismo es el más afectado principalmente por las malas prácticas que se tienen, tanto los productores como sus empleados cuentan con un aprendizaje autodidacta y por tal motivo es necesario contar con recursos humanos especializados.

La problemática que enfrentan los productores de la Sierra Norte de Puebla se debe a que son menos favorecidos para la mejora en cuanto a su posición competitiva ya que la gran mayoría de ellos produce jitomate y no innovan su sistema de producción. Es complejo todo esto para los productores ya que, si no se cuenta con acceso a la información, tecnología, infraestructura y principalmente el conocimiento que le permita mejorar sus procesos seguirán estancados y nunca mejorará su sector primario como se ha venido dando día con día.

1.2. PROPÓSITO DE LA INVESTIGACIÓN

El propósito de este estudio es proponer e implementar un modelo estratégico para la producción de Stevia bajo condiciones de invernadero en el sector primario en la Sierra Norte del Estado de Puebla, el cual ofrezca oportunidades de progreso y un cambio significativo a su sistema de producción contribuyendo a una mejora en los factores internos generando beneficios que permitan mejorar su propio método y que beneficie a las personas de la región.

1.3. OBJETIVO GENERAL

Desarrollar un Modelo Estratégico para la producción del cultivo de Stevia bajo condiciones de invernadero en la Sierra Norte de Puebla con el fin de favorecer el conocimiento de los productores de la región, contribuyendo a un incremento de su productividad y propiciando una cultura hacia la innovación.

1.4. OBJETIVOS ESPECÍFICOS

- Determinar cuáles son las actividades que desarrollan los productores de la región bajo condiciones de invernadero, mediante un diagnóstico.
- Revisar los modelos de Planeación Estratégica para determinar lo óptimo a emplear o una propuesta.
- Crear modelos de trabajo para la producción de Stevia.
- Definir los elementos del modelo.
- Implantar el modelo propuesto brindando ciertas estrategias de trabajo.
- Analizar y medir el modelo para la producción de Stevia.

1.5. PREGUNTA DE INVESTIGACIÓN

¿Qué modelo estratégico sería funcional para producir Stevia bajo condiciones de invernadero?

¿La propuesta del modelo estratégico permitirá tener una visión más amplia que conlleve a los productores a la generación del conocimiento?

1.6. JUSTIFICACIÓN

Hasta el momento en México no se introduce en cierta escala de producción agrícola el cultivo de Stevia ni tampoco industrial Martínez (2015). Existen condiciones óptimas para producir Stevia rebaudiana bajo sistema de riego la cual puede mejorar su productividad en México. Las zonas más apropiadas para la producción de Stevia rebaudiana se localizan en la región del pacífico no descartando algunos del sur del país principalmente en Jalisco, Nayarit, Michoacán, Guerrero, Oaxaca, Chiapas y Veracruz en el Golfo. Los factores determinantes en la definición de zonas de óptimo y subóbtimo potencial en el cultivo de Stevia corresponden al tipo de suelo, la precipitación y la altitud (Ramirez & Lozano, 2016).

Ante esta situación se ha comenzado con una búsqueda de alternativas alimenticias que mejoren la salud, siendo los endulzantes una de las áreas con más innovaciones. De todas las nuevas opciones una es la que ha logrado conquistar en recientes fechas el mercado de los edulcorantes, tratándose de la Stevia (Jaen, 2014) .

En lo que concierne a los productores agrícolas del sector primario, generalmente es el sector más vulnerable a los incrementos de costos altos y bajos en el mercado, es decir cuando el precio del que produce se incrementa los beneficios casi nunca se trasladan a los productores del sector primario.

La región de estudio de la presente investigación se centra en los productores del sector primario ubicados en la Sierra Norte del Estado de Puebla. En esta región los productores tradicionalmente han producido jitomate hasta la fecha, en una investigación de campo exploratoria realizada a 172 productores como parte de este proyecto de investigación se preguntó y analizó la posibilidad de producir otro producto, el 87% de los productores han intentado producir otro tipo de verduras, desafortunadamente no les ha dado resultado debido a la falta de conocimiento teórico referente a los mismos. Refieren que, la problemática principal que observan se debe a que el jitomate se fumiga seguido, de 4 a 5 veces por semana, lo que provoca que muchos de los trabajadores tengan problemas de salud severos debido a la falta de conocimiento sobre la utilización del equipo de seguridad.

El proyecto de producir Stevia siguiendo un modelo de planeación estratégica les fue presentado así como las principales ventajas del mismo entre las que se destacan, la planta requiere de temperaturas de entre los 20°C y los 43°C bajo condiciones de invernadero con condiciones semi-húmedas en su clima hambiente, realizando su riego por goteo y a su vez no requiriendo de muchos cuidados. La propuesta fue bien recibida por la mayoría de los productores equivaliendo al 99%.

Con la incorporación de nuevos modelos estratégicos se pueden generar mejores productos agrícolas, así como la realización de buenas prácticas en la agricultura las cuales se puedan transferir a los diferentes productores en la Sierra Norte del Estado de Puebla.

Esta investigación es de gran importancia porque muestra la propuesta de un modelo de planeación que beneficia en conocimientos a los productores de la región, aprovechando la capacidad de sus recursos los cuales puedan definir la innovación en sus diferentes procesos de producción de Stevia bajo condiciones controladas y protegidas.

1.7. ALCANCES Y LIMITACIONES

Realizar una propuesta de producción e implementación de Stevia.
Lograr que el modelo sea aplicado.
Que se tenga beneficio en la parte social y regional.
Que se tengan oportunidades de empleo.
Realizar un piloto sobre su proceso de producción.

1.8. LIMITACIONES

Tiempos para la aceptación de la propuesta.

Recolección de la información en las distintas bases de datos.

Resistencia al cambio.

Contar con la disponibilidad de los diferentes productores para proporcionar información para el desarrollo de la investigación.

CAPÍTULO II

MARCO REFERENCIAL

MARCO HISTÓRICO Y TEÓRICO

En este capítulo se realizó una revisión de la literatura, se consultó y obtuvo la bibliografía junto con otros materiales que fueron útiles para los propósitos de esta investigación, de los cuales se extrae y recopila información relevante y necesaria para el problema de investigación (Hernández, Fernández, & Baptista, 2014).

2.1. HISTORIA DE LA PLANEACIÓN ESTRATÉGICA

La administración se ha practicado desde que el hombre apareció sobre la Tierra y puesto que la planeación es parte esencial de la misma, se deduce que se ha llevado a cabo de manera integrada a la administración.

Todas las culturas del mundo, tanto las antiguas como las modernas y contemporáneas, han cimentado su grandeza en las habilidades y destrezas administrativas. Se dice, por ejemplo, que Tlacaélel, el gran reformador mexica, antes de comenzar su carrera como consejero se retiró a Teotihuacán para entonces, ya convertido en ruinas, a concebir lo que sería un pueblo grandioso e importante.

No es difícil imaginar lo que Tlacaélel pudo haber realizado en esos días de retiro, pero sin duda, su actividad central se basaba en meditar profundamente sobre ese pueblo majestuoso que ya tenía en mente; es decir, delimitó con mayor precisión qué tipo de lugar deseaba y cómo se podría lograr. Esto es planeación, ya que se ha señalado que planear significa tomar decisiones anticipadas que llevan a hechos que no se darían si no se hace algo al respecto.

Desde luego que esta reflexión sobre Tlacaélel no fue una planeación sistematizada como hoy se conoce, pero sí una planeación empírica cuyo fruto tuvo un resultado, que en menos de 195 años el pueblo azteca alcanzara la categoría de gran imperio.

Lo mismo es aplicable a las proverbiales culturas antiguas tal es el caso de la Sumeria, babilónica, China, Egipcia, Griega o Romana; al igual que a las hoy naciones hegemónicas como Estados Unidos, Canadá, Inglaterra, Alemania, Francia, Italia, Rusia y Japón (Grupo de los Ocho). En toda esta grandeza subyace la planeación en sus modalidades de sistematizada o empírica.

En la (Tabla 1) se realiza el recuento de las diez figuras anteriores en cuanto a autor, año(s) y categoría (Torres, 2014).

Tabla 1. Categoría de Planeación

AUTOR	AÑO	CATEGORIA
G. Steiner	1969	Planificación estratégica
M. Porter	1982	Estrategia competitiva
W.F. Glueck y L.R. Jauch	1984	Planificación estratégica
Hax y Majlut	1993	Estrategia de negocios
G. Johson y K.Scholes	1997	Dirección estratégica
R.L. Ackoff	1997 (1993)	Planeación interactiva
H. Mintzberg y colaboradore	2003 (1998)	Creación de estrategia como un proceso de concepción
F.R. David	2003 (1998)	Dirección estratégica y administración estratégica
Thompson y A.J. Strickand lll	2004 (1978)	Dirección estratégica y administración estratégica

M.A. Hitt y colaboradores	2004 (1999)	Administración estratégica y administración global

Fuente: Zacarías Torres Hernández (2014), Administración
Estratégica, Grupo editorial Patria, p. 19.

La (Tabla 1) muestra cómo ha cambiado el concepto de planeación. En 1969 G. Steiner fue uno de los pioneros de la administración estratégica, propuesta de gran utilidad en la crisis petrolera de los años setenta. Casi cincuenta años después, toma fuerza la administración global por lo cambiante del mundo y el avance acelerado de la tecnología en un contexto de prevalencia del conocimiento y manifestaciones de alto impacto en la tecnología de alta información, ingeniería genómica y robótica (Torres, 2014).

Entre el espacio de la planificación estratégica y la administración global, sobresalieron en los años ochenta la estrategia competitiva de M. Porter; en los años noventa la planeación interactiva de R. L. Ackoff y el manejo de la dirección estratégica, al igual que el concepto de administración estratégica que también se emplean en la primera década del siglo XXl.

2.2. ANTECEDENTES DE LA PLANEACIÓN ESTRATÉGICA

La Planeación como parte del proceso administrativo tuvo sus primeras contribuciones dentro de la evolución administrativa.

Los egipcios en el año 1300 a.C. le daban importancia a la administración por medio de sus papiros y para la construcción de templos y pirámides, lo mismo hicieron los chinos, ya que en las parábolas de Confucio se encuentran sugerencias prácticas para una adecuada administración pública; la construcción de la gran muralla china es una evidencia palpable de planeación, organización y control; luego la iglesia católica romana, es la que ha demostrado mayor eficiencia en la práctica de la organización formal, al plantear claros sus objetivos, estructura organizacional, así como la aplicación de técnicas administrativas.

Posteriormente se destacan otras contribuciones contemporáneas y especializadas que abarcan áreas de las ciencias de la conducta, como los postulados de Frank y Lillian Gilbreth. Gantt, ingeniero mecánico, conocido por sus métodos gráficos para la descripción de planes y un mejor control administrativo, destacó la importancia del tiempo y el costo al planear y controlar el trabajo, lo que le condujo al diseño y puesta en práctica de la famosa gráfica de Gantt que mucha utilidad ha brindado para la programación de actividades (Harold, 1998).

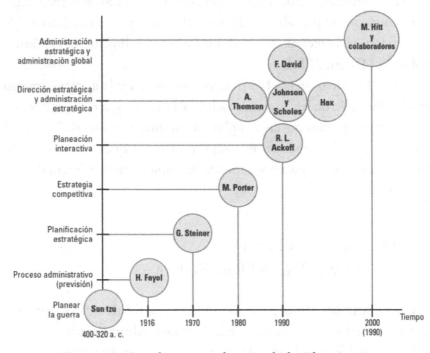

Figura 1. Cambios o evolución de la Planeación.
Fuente: Zacarías Torres Hernández (2014), Administración
Estratégica, Grupo editorial Patria, p. 20.

La (Figura 1) muestra una mínima porción de lo que acontece a través del tiempo con la planeación, pues los cincuenta últimos años pertenecen a una era de planeación, de grandes aportaciones de muchos autores que enriquecen el proceso de toma de decisiones anticipadas (Torres, 2014).

Tzu (2003), fue un general chino que vivió alrededor del siglo V antes de Cristo, publicó un libro denominado el arte de la guerra, el cual fue uno de los más importantes textos clásicos chinos, en donde expresa que no es únicamente una práctica militar, sino un tratado el cual enseña la estrategia suprema de aplicar el conocimiento de la naturaleza en un momento de confrontación.

Steiner (2014) Considera a la planeación estratégica entrelazada inseparablemente al tema directivo. En 1980 Porter publica su libro denominado Estrategia Competitiva en donde menciona dos conceptos principales para la elección de la estrategia competitiva el primero tiene que ver con el atractivo de los sectores industriales para su utilidad a largo plazo, así como todos aquellos factores que la determinan y la segunda tiene que ver con la posición competitiva dentro de un sector industrial (Porter, 1991).

Para 1990 R.L. Ackoff, propone la planeación interactiva la cual constituye un modo de participación para resolver problemas interrelacionados, persiguiendo eficientemente un estado idealizado Mangani (2014). En este mismo año de 1990 A. Thomson establece los conceptos y las técnicas de la administración y dirección estratégica el cual conlleva el análisis de la situación de una compañía, así como las técnicas para analizar compañías diversificadas y lo más importante son los casos para la administración y dirección estratégica Thompson & Strickland, (1998). Para 1999 principios del 2000 surge la administración estratégica y la administración global en donde es necesario que tanto los administradores como los gerentes sean innovadores y emprendedores buscando de manera continua nuevas oportunidades de adaptarse a los cambios que día con día se van dando en las diferentes organizaciones.

2.3. LA PLANEACIÓN EN MÉXICO

Planeación es un concepto que pertenece a todos, en consecuencia, se puede usar su conceptualización, su proceso, sus avances. México es un país que hace uso de la planeación en sus dos grandes sectores, el público y el privado.

Es así que la planeación en México ha sido punto de atención, sobre todo después de la Revolución y prioritariamente en el sector público. El primer antecedente importante de planificación que se tiene en el sector público data de 1928, cuando Plutarco Elías Calles era presidente de México. En ese entonces se creó el Consejo Nacional Económico con carácter autónomo y consultivo para estudiar los asuntos socioeconómicos del país.

De ahí en adelante, prácticamente todos los presidentes se ocuparon de la planificación y fue el 29 de diciembre de 1982 que se aprobó la Ley general de planeación durante la gestión del presidente Miguel de la Madrid que obliga al ejecutivo a presentar el plan de desarrollo nacional, hasta seis meses después que el mismo haya tomado posesión del cargo.

En la (Tabla 2) se observan los rasgos más relevantes de la planeación en México y contra lo que se pudiera pensar, en el país los gobernantes se han preocupado porque en el futuro exista un México mejor; desde 1928 y hasta el último de los presidentes han dispuesto acciones para alcanzar objetivos que conducen a crecimiento y desarrollo del país en general y de los diversos sectores en lo particular (Torres, 2014).

Tabla 2. La planeación en México.

Presidente de México	Periodo	Administración pública Planificación	Administración privada Planeación
Plutarco Elías Calles	1924-1928	1928: Primer antecedente. Consejo Nacional Económico: creado para estudiar los asuntos socioeconómicos del país en su calidad de grupo permanente y autónomo de consulta.	

Pascual Ortiz Rubio	1930-1932	1930: Ley sobre planeación general de la república. 1933: Primer Plan Sexenal (PNR). Las dependencias del ejecutivo considerarían la elaboración de estudios y la planeación de la política de conjunto. 1934: Primera ley de Crédito Agrícola. 1935: Banco Nacional de Crédito Ejidal (BANJIDAL)
Lázaro Cárdenas del Rio	1934-1940	
Manuel Ávila Camacho	1940-1946	1941: Segundo plan sexenal (PRM). 1942: Comisión federal de planeación económica. Para conducir la economía en el marco de la Segunda Guerra Mundial.
Miguel Alemán Valdés	1946-1952	No se reanudo la formulación de planes formales. 1948: Comisión nacional de inversiones, dependiente de la Secretaría de Hacienda y Crédito Público.
Adolfo Ruiz Cortines	1952-1958	Se dio importancia operativa a la Comisión Nacional de Inversión. 1954: Comisión de Inversiones y un comité. Todas las secretarías de estado y las empresas descentralizadas y de participación estatal deberían rendir informes sobre la inversión programada por cada una de ellas.

Adolfo López Mateos	1958-1964	1958: Secretaría de la presidencia. Encargada de las labores de planeación, coordinación y vigilancia de las inversiones federales. 1962-1964: Plan de acción inmediata. Para racionalizar la formación de capital y mejorar la distribución de ingresos.	1961: Agustín Reyes Ponce: Proceso administrativo. 1961: Isaac Guzmán Valdivia: La ciencia de la administración.
Gustavo Díaz Ordaz	1964-1970	1965: Plan de Desarrollo Económico y Social (1966-1970). Señalaba directrices al sector público y creaba estímulos para la iniciativa privada mediante medidas y marcos indicativos.	1966: Francisco Laris Casillas: Administración integral. 1967: José Antonio Fernández Arenas: El proceso administrativo. 1968: CENAPRO publica temas sobre planeación.
Luis Echeverria Álvarez	1970-1976	1975: Plan básico de gobierno (1976-1982). Para el próximo candidato a la presidencia.	1973: G. Gómez Ceja: Planeación y organización de empresas.
José López Portillo	1976-1982	1980-1982: Plan Global de Desarrollo.	
Miguel de la Madrid Hurtado	1982-1988	Planeación democrática. 1982: Ley General de Planeación. 1983-1988: Plan Nacional de Desarrollo.	
Carlos Salinas	1988-1994	Plan Nacional de Desarrollo.	
Ernesto Zedillo	1994-2000	Plan Nacional de Desarrollo.	
Vicente Fox	2000-2006	Plan Nacional de Desarrollo	
Felipe Calderón	2006-2012	Plan Nacional de Desarrollo	

Fuente: Zacarías Torres Hernández (2014), Administración Estratégica, Grupo editorial Patria, p. 21, 22.

2.4. ANTECEDENTES DE ZACATLÁN DE LAS MANZANAS

Zacatlán es un municipio localizado en el Estado de Puebla, México, es reconocido con el nombre de Zacatlán de las Manzanas, por ser uno de los principales centros productores de manzana.

Su nombre está formado por dos palabras de origen náhuatl: "zacatl", zacate; "tlan", lugar; "Lugar donde abunda el Zacate" (Olvera, 2018).

No se conoce quienes fueron los primeros habitantes de Zacatlán. Sin embargo, se cree que eran sin duda una mezcla de toltecas y chichimecas. En 1521, el conquistador español Hernán López de Ávila junto con el Marqués del Valle de España, llegó al territorio de Zacatlán, el cual voluntariamente aceptó la paz con los conquistadores.

A lo largo de la colonia se suscitan eventos de mediana importancia para el territorio de Zacatlán, como la bendición de la iglesia y el cementerio del convento franciscano por el obispo de Tlaxcala, Hernando de Villagómez el 21 de noviembre de 1564 y la asignación a la guardia del mismo a Fray Juan de Torquemada en 1601.

El 12 de mayo de 1845 se inaugura solemnemente la Escuela Lancasteriana de "La Divina Providencia" en los claustros del Convento de San Francisco, reconstruidos por la Junta Lancasteriana, después del incendio que sufrió el Convento el año 1816, el 5 de julio de 1859, la batalla de Tlatempa entre las fuerzas de Don Carlos Oronoz, nombrado Gobernador de Zacatlán, y las del General Juan N. Méndez, en la que después de rudos combates triunfan las armas del Gral. Méndez.

En 1862, durante la Segunda intervención francesa, la infantería de la Guardia Nacional de Zacatlán marchó para incorporarse al Ejército de Oriente que se reunía en Puebla para defenderla de los franceses, y que fue designado para defender la línea de San Agustín a la Ciudad. Cuando el General Méndez fue herido el coronel Ramón Márquez Galindo tomó el mando de las fuerzas de Zacatlán y Tetela, continuando al frente hasta el término de la batalla.

El 17 de julio de 1876 nace en la ciudad el distinguido político, abogado, escritor y diplomático Luis Cabrera Lobato, el 4 de agosto de 1904 nace en la ciudad el distinguido profesor, historiador y periodista Enrique Cordero.

Durante la revolución mexicana el general Rodolfo Herrero, nativo zacateco, asesina al presidente Venustiano Carranza el 21 de mayo de 1920 en la ciudad de Tlaxcalantongo, dándole el disparo final el Teniente Coronel Herminio Márquez, igualmente nativo de Zacatlán.

El 15 de agosto de 1941 se inaugura, por iniciativa del Círculo Social Zacateco, la primera Feria de la manzana de Zacatlán, con María del Pilar de 12 años como Reyna de la Feria, durante el 2009 se restaura el templo mayor de la ciudad, considerado una joya arquitectónica y una de las primeras iglesias del continente americano.

El 27 de abril de 2011 la ciudad es nombrada Pueblo mágico por el Gobierno mexicano (Olvera, 2018).

2.5. LOCALIZACIÓN GEOGRAFÍA Y EXTENSIÓN

Zacatlán se localiza en la Sierra Norte del estado de Puebla, al norte colinda con Chiconcuautla y Huauchinango, al Sur con Aquixtla y Chignahuapan, al Oeste con Ahuacatlán, Tepetzintla y Tetela de Ocampo y al Poniente con Ahuazotepec y el estado de Hidalgo, la extensión territorial es de 512.82 Km cuadrados, el clima de Zacatlán es templado subhúmedo con lluvias en verano, registrando una temperatura media anual de 12 a 18° C, el clima es tan variado y propicio para la existencia de grandes extensiones de bosque (Figura 2) y (Tabla 3) (Alterna, 2018).

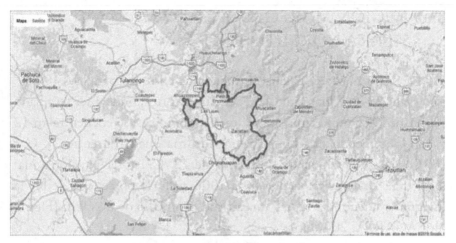

Figura 2. Región de estudio.
Fuente: INEGI, Marco Geo estadístico municipal 2005.

Tabla 3 Ubicación Geográfica.

Ubicación Geográfica	
Coordenadas	Entre los paralelos 19° 50′ y 20° 16′ latitud Norte Los meridianos 97° 51′ y 98° 11′ longitud Oeste Latitud entre 900 y 2900 m.
Colindancias	Al Norte con los municipios de Ahuazotepec, Huauchinango, Chiconcuautla y Ahuacatlán. Al este con los municipios de Ahuacatlán, Tepetzintla y Tétela de Ocampo. Al sur con los municipios de Tétela de Ocampo, Aquixtla y Chignahuapan Al oeste con el municipio de Chignahuapan, el estado de Hidalgo y el municipio de Ahuazotepec.
Otros datos	Ocupa el 1.4% de superficie del estado. Cuenta con 103 localidades y una población total de 69,833 habitantes

Fuente: INEGI., Prontuario de información geográfica municipal, 2009.

2.6. REGIÓN MORFOLÓGICA DE LA SIERRA NORTE DE PUEBLA

La Sierra Norte de Puebla se encuentra entre los paralelos 19º 39' 42" y 98º 18' 06" longitud Oeste, el clima corresponde a ser templado subhúmedo con una temperatura media anual que se encuentra en 12 y 18° C, teniendo una temperatura mínima que varía entre -3° C y 18° C y con una temperatura máxima de 22° C, la precipitación anual total tiene una variación de 600 a 1000 mm, el porcentaje de lluvia invernal es menor del 5 %, y una altitud promedio de 2,260 m (Figura 3) (SAGARPA, 2007).

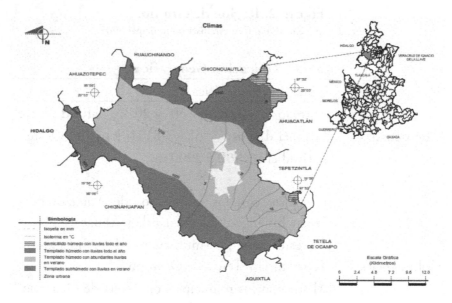

Figura 3. Climas
Fuente: INEGI. Marco Geo estadístico Municipal 2005.

2.7. ORIGEN DE LOS INVERNADEROS

Del primer invernadero se tiene noticias que data de alrededor de 1850 en los Países Bajos. Esta es una fecha indefinida, ya que existen registros de construcciones alrededor o antes de esa fecha, destinados al crecimiento y la conservación de las uvas. Sin embargo, lo importante es que su creación alteró las prácticas de la agricultura dado que su intención inicial consistía en cultivar plantas de climas en pisos templados o fríos, su desarrollo alcanzó un impacto cuando debido a los fenómenos climáticos acaecidos entre el año 1972 y 1973, los cuales dieron pie para redactar las normativas NEM 3859 en Holanda y Países Bajos, pioneros en implementación e investigación de este tipo de sistemas (Agropinos, 2016).

Invernaderos (2016) mencionan que su origen inicia en Italia en el siglo XVl cuando trajeron plantas tropicales a Europa, lugar dónde al tener un clima muy distinto, las plantas no crecían, es por ello que idearon casas de vidrio para mantener un calor similar al del trópico, dando luz a la par, el problema recaía en el costo, pues hasta el siglo XVll, donde el precio del vidrio estaba relativamente bajo, no fue posible desarrollar la idea y fue en Versalles donde se fabricó un invernadero para mantener las plantas tropicales, más tarde se dieron cuenta de que podían cultivar otro tipo de plantas, verduras, hortalizas y que la producción de estas estaba asegurada y no era costosa, pues una vez fabricado y trasladado daba igual las inclemencias del tiempo o la temperatura y no era necesario mantener a diario esta casa de vidrio, así es como nacen los invernaderos y su evolución hasta el día de hoy en los que los materiales han cambiado, pero su intención sigue siendo la misma, el cultivo.

2.7.1. EL ORIGEN DE LOS INVERNADEROS EN MÉXICO

En México, el sistema de producción bajo condiciones de invernadero se ha desarrollado bajo condiciones muy heterogéneas, desde costosos invernaderos de vidrio, con muy elevadas inversiones que superan los 100 US$/m², hasta económicas instalaciones como las denominadas "casas sombras" con costos de 4 a 7 US$/m². Hasta 2008 la superficie de invernaderos, incluidas las casas sombras ascendía a aproximadamente 8,934 ha. Las primeras instalaciones comerciales iniciaron en 1990, sin embargo, fue hasta la pasada década que se dio el crecimiento de esta industria. Las mayores tasas de crecimiento se dieron durante 2004 y 2005, y fueron cercanas al 20 %. Hoy en día se siguen registrando crecimientos importantes de esta industria. Los estados con mayor superficie de producción de condiciones protegidas son Sinaloa, Baja California, Sonora, Baja California Sur y Jalisco, además de la zona centro del país ahora con importancia en este sistema de producción. Por otro lado, los cultivos con mayor superficie en estos sistemas en orden de importancia son tomate, pimiento y pepino (Castellano, 2008).

2.7.2. ORIGEN DE LOS INVERNADEROS EN LA SIERRA NORTE DE PUEBLA

Su origen data del año 1998 en el municipio de Aquixtla distrito 07, donde sembraban papa y donde se tuvo un problema por el nematodo dorado que es una enfermedad que les da a las papas debido a eso ya no querían producirla, pasaron varios años para hacer la transición al invernadero, el pionero en la instalación del primer invernadero de 300 m, es el señor Alberto Nava Ruano en aquel entonces tenía 20 años de edad, su construcción se debe a Sagarpa quien fue el que ayudo a construir el invernadero dando todo el material para su respectiva construcción, una vez construido el primer invernadero se requería de agua por lo que se realizó una presa para tener un sistema de captación de agua de lluvia y con eso empezar a producir, cabe hacer mención que Aquixtla cuenta con agua de manantial, así como captan el agua en estanques propios para que de esta manera aseguren su cosecha, tanto en Aquixtla, Tetela de Ocampo, Chignahuapan, Zacatlán e Ixtacamaxtitlán, cuentan en total con 400 hectáreas de invernaderos apoyados por Sagarpa con el 80% y el 20% restante con recursos propios. Actualmente se cosechan de 200 a 250 toneladas de jitomate por hectárea cubierta por invernaderos lo cual quiere decir que, sí es rentable, exportando a Estados Unidos: California y Texas y en el mercado Nacional a Walmart, Mérida, Campeche, Puebla, México,

Cancún, actualmente a la fecha se cuenta con 400 invernaderos de 1000 m² (Regalado, 2018)

2.8. HISTORIA DE LA STEVIA

La planta de Stevia es originaria de Paraguay y descubierta en 1887: fue descrita y clasificada en 1889 por el botánico suizo Moisés Santiago Bertoni (1857-1929) momento a partir del cual recibió el nombre científico de Stevia rebaudiana Bertoni. Los indios guaraníes la utilizaban desde tiempos atrás para endulzar comidas y bebidas, las hojas las llamaron "ka'a-hée", lo que significa "hierba dulce". Existen más de 300 variedades de Stevia en la selva paraguayo-Brasileira, pero la Stevia rebaudiana Bertoni es la única con propiedades endulzantes gracias a su principio activo, denominado "esteviósido" descrito en 1921 por la Unión Internacional de Química (Herrera, 2012, p. 14).

Hasta 1970, la Stevia era producida en Argentina y Paraguay en pequeñas parcelas para consumo doméstico; posteriormente en Japón se comprobaron los beneficios de esta planta y la ausencia de efectos desfavorables para la salud, actualmente la Stevia es utilizada en la versión japonesa de la Coca-Cola dietética y de los chicles Wrigley, cuenta con el 40% de participación del mercado de edulcorantes de ese país (Herrera, 2012, p. 16-17).

Durante siglos, los nativos guaraníes de Paraguay usaron la "hierba dulce" como edulcorante natural. La Stevia debe su nombre al botánico y médico español Pedro Jaime Esteve (1500-1556) que la encontró en el nordeste del territorio que hoy es Paraguay. El naturalista suizo Moisés Santiago Bertoni fue el primero en describir la especie científicamente en el Alto Paraná. Posteriormente, el químico paraguayo Ovidio Rebaudi publicó en 1900 el primer análisis químico que se había hecho de ella. En ese análisis, Rebaudi descubrió un glucósido edulcorante capaz de endulzar 200 veces más que el azúcar refinado, pero sin los efectos tan contraproducentes que éste produce en el organismo humano. La especie fue oficialmente bautizada por Bertoni en su honor como Euphatorium rebaudiana, o Stevia rebaudiana.

Usada desde la época precolombina por los guaraníes de la región, que la denominaron hierba dulce, como edulcorante para el mate y otras infusiones, la especie no llamó la atención de los colonizadores; no fue sino después de que los indios nativos guaraníes la presentaran al científico suizo Moisés Santiago Bertoni en 1887, quien comenzó a ser estimada por la ciencia occidental.

A partir de ese momento, Moisés Bertoni comenzó una profunda investigación científica de la planta. Ya en el año 1900 solicita la colaboración de su amigo de nacionalidad paraguaya, el químico Ovidio Rebaudi. Tras los primeros estudios sobre sus principios y características químicas, el científico consiguió aislar los dos principios activos, conocidos como el "esteviósido" y el "rebaudiósido". Sin embargo, las dificultades para hacer germinar las semillas hicieron que un intento de exportarlas a Gran Bretaña, para cultivarlas comercialmente durante la Segunda Guerra Mundial, resultara infructuoso.

Fueron la hija y el yerno de Bertoni, Vera y su esposo Juan B. Aranda, quienes comenzaron con éxito la domesticación del cultivo alrededor de 1964; el botánico japonés Tetsuya Sumida la introdujo cuatro años más tarde en Japón, quien hoy es uno de los mercados principales del producto. En Paraguay el cultivo a gran escala comenzó en los años 1970, y desde entonces se ha introducido en Argentina, Francia, España, Colombia, Bolivia, Perú, Corea, Chile, Brasil, México, Estados Unidos, Canadá y sobre todo China, quien hoy es el principal productor (Wikipedia, 2013, s/p).

2.9. CONCEPTO DE PLANEACIÓN

En un contexto muy amplio existen muchas definiciones de lo que es la planeación, Harold (1998), define la planeación como la selección de las misiones, así como de los objetivos y todas aquellas acciones para poder llegar a cumplirlos en un tiempo establecido. Torres (2014), la define como mirar a lo lejos viendo un futuro no muy lejano teniendo la esperanza de que desaparezca la incertidumbre de lo que pueda suceder. Para D.Leonard entre otros (1998), es establecer objetivos y poder buscar los medios más apropiados para el logro de los mismos antes de que se pueda realizar dicho trabajo. Anzil (2018), la considera como aquella que determina objetivos y cursos de acción para el cumplimiento de los mismos. Steiner (2014), la define como desear un futuro e identificar las diferentes formas para lograrlo. Lerma (2012), en el lenguaje común, planear significa definir y establecer una serie de pasos orientados a la obtención de uno o varios resultados, enmarcados en un tiempo determinado. También se puede afirmar que planear consiste en la creación de un conjunto de órdenes confeccionadas a partir de recolección, análisis y entendimiento de información. Robbins & Coulter (2005), la definió como aquella que consiste en determinar las metas de la organización estableciendo una estrategia las cuales se deben alcanzar trazando planes detallados los cuales lleven a coordinar a la organización.

La acción de planear está intrínsecamente asociada con nuestra capacidad para imaginar el futuro deseado; estos términos van de la mano debido a que planear es más que una actividad común, un arte; la forma de interpretar los acontecimientos del presente para poder lograr los objetivos que se pretende en la medida que aplica el pensamiento creativo, imaginativo y analítico, como se muestra en la (Figura 4), Lerma (2012).

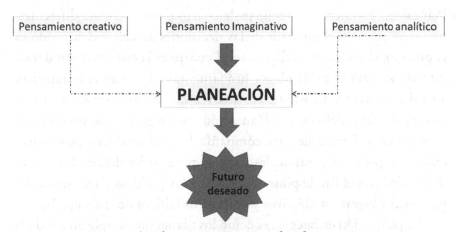

Figura 4. El pensamiento en la planeación.
Fuente: Alejandro E. Lerma y Kirchner, Bárcena Juárez Sergio (2013), planeación estratégica por áreas funcionales, editorial alfaomega, p. 5.

2.9.1. CONCEPTO DE ESTRATEGIA

Para Steiner (2014), son todas las acciones que la empresa realiza como una respuesta a la acción o posible acción de un competidor. Sánchez (2017), la considera como la destrucción de los enemigos en razón eficaz de los recursos. De la Rosa et, alt., (2010), la definen como el medio para cumplir los fines siendo estos los objetivos estratégicos planteados. Contreras (2013), dice que es el fundamento que utiliza todo administrador para poder establecer que quiere de la empresa y cómo lo va a conseguir aplicando recursos para posicionarla dentro del mercado y dispuesta a cambiar en el momento que se requiera. Para Paz (2005), es emplear todos los medios posibles para vencer al competidor y alcanzar los objetivos y de esta manera mantenerse en un mercado. Harold (1998), la define como la determinación de la misión (o el propósito fundamental) y los objetivos básicos a largo plazo de una empresa, seguidos de los cursos de acción, así como la asignación de los recursos necesarios para alcanzar o que se plantea la empresa.

2.9.2. QUÉ ES PLANEACIÓN ESTRATÉGICA

Steiner (2014), menciona que para poder definir lo que es la Planeación Estratégica se requiere de cuatro puntos de vista diferentes, siendo el primero el porvenir de las decisiones actuales, el segundo es el proceso, el tercero es la filosofía y el cuarto es la estructura en donde intervienen tres tipos de planes fundamentales que son el estratégico, a mediano plazo y a corto plazo, una vez que intervienen estos cuatro puntos de vista, definen a la Planeación Estratégica cómo un esfuerzo sistemático y formal de una compañía la cual establece propósitos, objetivos, políticas y estrategias básicas, para poder desarrollar planes detallados con el fin de poner en práctica las políticas y las estrategias para poder lograr los objetivos y propósitos básicos de la compañía.

La planeación estratégica es como los planes que se aplican a toda la organización donde se fijan metas, en un contexto y se cumplen Robbins & Coulter (2005). Para Lerma & Bárcena (2012), es diseñar el futuro teniendo una visión a largo plazo, estableciendo acciones y recursos para el logro que se quiere.

La planeación estratégica es un proceso para formular e implantar las estrategias de una organización la cual cumpla con la misión planteada y de acuerdo al contexto en el que se encuentra Chiavenato (2011). Para Madrigal, Madrigal, & Cuauhtémoc (2015), es la que permite visualizar un entorno de manera global, evaluando una misión, visión, objetivos, metas, políticas de una organización verificando que sean acordes a la realidad en la cual se encuentra la empresa. Henao & Diego (2016), la define como el arte y la ciencia para formular e implementar decisiones las cuales permitan a cierta organización alcanzar sus objetivos. Sánchez (2017), la define como un proceso que parte de la explicación y descripción de una realidad determinada en donde intervienen diferentes actores sociales la cual logra acciones de intervención, transformando la realidad. De la Rosa, Ayuzabeth; Lozano Oscar (2010), la considera como una herramienta administrativa la cual debe tener una misión y visión organizacional, seguido de un análisis de fortalezas, debilidades, amenazas y oportunidades con el fin de que se llegue a los objetivos estratégicos de la organización, así como sus metas que permitan cumplir con la misión y visión establecidas. Paz (2005), dice que es el esfuerzo de los gerentes destinado a comprometer el futuro de la organización a través de ciertos cursos de acción.

2.9.3. TIPOS DE PLANES ESTRATÉGICOS

Los planes se pueden clasificar en 3 tipos que son:

1. **PLANES OPERATIVOS:** Se diseñan para determinar cuál es la función de cada individuo de acuerdo con el área donde trabaja, su periodo de tiempo es muy corto.

2. **PLANES TÁCTICOS:** Este tipo de planes se encuentran destinados a trabajar sobre temas relacionados con los principales departamentos o áreas de las organizaciones, se encarga de

garantizar el mejor uso de los recursos sobre todo en aquellos que se utilizan para alcanzar las metas determinadas.

3. **PLANES ESTRATÉGICOS:** Este tipo de plan se encuentra orientado a ciertas metas de una institución o empresa, su aplicación es aplicada para largos lapsos de tiempo (Enciclopedia de Clasificaciones, "Tipos de planes", 2017).

Para Lerma & Bárcena (2012), la planeación operativa se encarga de definir las acciones específicas que deberán desarrollarse para garantizar que las actividades cotidianas se realicen con eficiencia y que la organización se aproxime a sus objetivos planteados. El fin de esta planeación es alcanzar las metas del corto plazo, las cuales se incrementarán y acercarán a la empresa y a los objetivos estratégicos.

La planeación táctica según Lerma & Bárcena (2012), es aquella que consiste en el diseño y programación secuencial de acciones con el fin de asegurar una mejor coordinación y optimización continua del desempeño de actividades, funciones y tareas de la organización, este tipo de planeación aspira a encontrar los mejores medios posibles para ser más eficiente la realización de las funciones y resultados del área para la que se desarrolla en el mediano plazo.

La planeación estratégica es la labor de diseñar el futuro con visión de largo plazo, estableciendo las acciones, tiempos y recursos para el logro de lo que se pretende, puede ser y hacer. Este tipo de planeación constituye una labor integradora y de importancia decisiva para permanecer y desarrollarse a largo plazo, esta planeación se anticipa al futuro mediante la formulación de los objetivos, tareas y medios para lograrlos (Lerma & Bárcena, 2012).

2.10. QUÉ ES UN MODELO

Para Kotler & Amtrong (2000), un modelo es la selección de un conjunto de variables, así como la especificación de sus relaciones en común, con el objeto de representar algún proceso o sistema real Velázquez (2013), la define como una abstracción de la realidad para poder ilustrar una idea o propósito determinado la cual no contiene todos los elementos de esa realidad

2.10.1. TIPOS DE MODELOS ESTRATÉGICOS

Los siguientes modelos tienen la finalidad de implementar, formular y evaluar el logro de los objetivos que una organización se plantea, así como se presentan las herramientas y su metodología básica para que el empresario pueda competir en el mercado por la falta de conocimientos, tanto administrativo como personal y poder de esta manera gestionar la falta de conocimientos

2.10.1.1. MODELO PARA EL ANÁLISIS GAP

La palabra GAP es utilizada en el idioma inglés que en español hace referencia a una brecha, una apertura o un espacio vacío comprendido entre dos puntos de referencia, siendo una herramienta que permite establecer un comparativo entre el estado y desempeño real de una organización, estado o situación en un momento dado, respecto a uno o más puntos de referencia seleccionados en orden local, regional, nacional o internacional (Gonzalez, 2016).

Existen diferentes tipos de modelos de planeación estratégica los cuales son:

En el pasado, la mayoría de las organizaciones se dedicaban a la planeación tipo GAP, en el modelo de la (Figura 5) los objetivos se encuentran ya establecidos, el crecimiento de los productos actuales y subsiguientes establecía la magnitud del GAP en la planeación (Steiner, 2014).

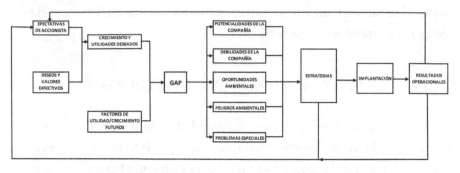

**Figura 5. Modelo de Planeación Estratégica
enfocado al Análisis "GAP"**

Fuente: George A. Steiner (2014), Planeación Estratégica, Grupo editorial Patria, p. 31.

En este modelo se observa un sistema en donde se puede mejorar la productividad del mismo y en donde se realiza un análisis para identificar las carencias que tiene, así mismo detectar las oportunidades y posteriormente una vez identificadas aplicar una estrategia de solución y poder posicionar a la empresa, partiendo de dónde se encuentra uno y a dónde quiere llegar.

2.10.1.2. MODELO PARA LA ADMINISTRACIÓN ESTRATÉGICA

El estudio y surgimiento de la Administración Estratégica se produjo hace sólo algo más de cuatro décadas debiendo entenderse como parte del avance de la Administración Científica (Saavedra, 2005). Según Bracamonte, Arreola, Osorio, & Martin (2013), el Modelo completo de administración estratégica se realizó con la finalidad de formular, implementar y evaluar estrategias para el logro de los objetivos corporativos, revelando las herramientas y metodologías básicas para que el administrador gestione correctamente todas las oportunidades y evite altas y bajas en el mercado, así mismo la falta de conocimientos administrativos y adelantos tecnológicos se conviertan en amenazas.

El proceso de dirección estratégica se estudia y aplica mejor usando un modelo que representa cierto tipo de proceso, el principal beneficio de la dirección estratégica ha sido ayudar a las empresas a plantear mejores estrategias por medio del uso de un abordaje más sistemático, lógico y racional a la elección de la estrategia (Fred R., 2008).

Para el autor Fred R. (2008), la mejor manera de estudiar y aplicar el proceso de administración estratégica es mediante la utilización de un modelo, en donde cada uno representa algún tipo de proceso, en la (Figura 6) se presenta el modelo completo y de gran aceptación para la administración estratégica. El modelo no garantiza el éxito de la empresa pero presenta un planteamiento muy claro y práctico respecto a las estrategias de formulación, implementación y evaluacón, las relaciones entre los principales componentes del proceso que se indican en el mismo.

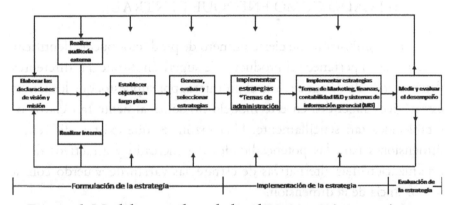

Figura 6. Modelo completo de la administración estratégica.
Fuente: FRED R. DAVIS (2008), CONCEPTOS DE ADMINISTRACIÓN ESTRATÉGICA, Editorial Pearson Educación, p. 15.

De acuerdo al modelo, el indicar la misión, la visión, los objetivos, así como las estrategias son un punto de inicio de partida de toda administración estratégica, ya que la situación, así como las condiciones de la empresa pueden imponer ciertas estrategias e incluso dictar un procedimiento a seguir, para posteriormente realizar una evaluación de la estrategia y de esta manera determinar su entorno actual.

El proceso de dirección estratégica es dinámico y continuo. Un cambio en cualquiera de los componentes importantes del modelo podría requerir un cambio en uno o en todos los demás componentes; por ejemplo, un cambio en la economía podría representar una oportunidad importante y requerir un cambio en los objetivos y estrategias a largo plazo; el incumplimiento de los objetivos anuales podría exigir un cambio en la política, o el cambio de la estrategia de un competidor podría requerir un cambio en la misión de la empresa. Por lo tanto, las actividades de formulación, implantación y evaluación de las estrategias deben llevarse a cabo en forma continua, no sólo al final del año o semestralmente. El proceso de dirección estratégica en realidad nunca termina.

2.10.1.3. MODELO DE PLANEACIÓN ESTRATÉGICA CON POTENCIALIDADES Y ATRACTIVO DEL MERCADO COMO ENFOQUE CENTRAL

Una organización con cierto número de productos puede identificar a cuál cuadro pertenece el producto. Se sugerirán estrategias diferentes dependiendo de dónde se sitúa el producto, por supuesto, que los temas estratégicos sugeridos en este modelo no son realmente tan claros ni establecidos tan sencillamente. Una razón, es que existen diferentes dimensiones para las potencialidades del mercado y atractivos de la organización. Las alternativas de estrategias varían de acuerdo con la importancia de la dimensión.

Para ciertas organizaciones, como las públicas que recientemente empezaron a aplicar una planeación estratégica integrada y completa, los problemas a los que se enfrentan al tratar de manejar sus principales asuntos en el proceso de planeación son demasiados y muy complejos para resolverlos todos a la vez, una solución consiste en usar el proceso de planeación para señalar a la alta dirección los asuntos estratégicos, los cuales afronta la compañía, así los asuntos que tienen máxima prioridad son seleccionados para la planeación estratégica detallada.

La (figura 7) muestra los atractivos del mercado en su escala horizontal, y en cuanto a la escala vertical se muestran las potencialidades del mismo (Steiner, 2014).

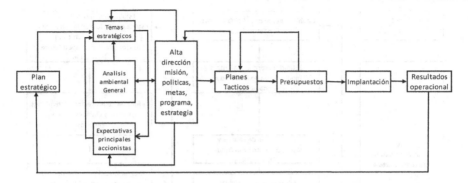

**Figura 7. Modelo de Planeación Estratégica con Potencialidad
y Atractivo del Mercado Como Enfoque Central**
Fuente: George A. Steiner (2014), Planeación Estratégica, Grupo editorial Patria, p. 31.

Steiner (2014), menciona que algunas empresas empiezan preguntándose de acuerdo a la (Figura 7) ¿Cuáles son nuestras estrategias actuales? ¿Son apropiadas para el futuro? ¿Cuáles son las posibles acciones? ¿Qué se puede hacer para explotar nuestras potencialidades y evitar nuestras debilidades?

2.10.1.4. MODELO DE PLANEACIÓN ESTRATÉGICA EN EL INCMNSZ (INSTITUTO NACIONAL DE CIENCIAS MÉDICAS Y NUTRICIÓN SALVADOR ZUBIRÁN)

Velázquez (2013), menciona que el punto de partida en el proceso de planeación del modelo es la realización de un diagnóstico tanto interno como externo y a partir de esto se puede definir el tipo de organización a desarrollar o modificar, esto es, definir los fundamentos de la planeación que incluyen la misión y la visión de la organización, así mismo de manera particular los valores y filosofía que habrán de seguir las conductas tanto individuales como colectivas de los miembros de la organización para ellos y para sus grupos de interés, este modelo es una adaptación del modelo Lambert con elementos de planeación estratégica de Kauffman González (Figura 8).

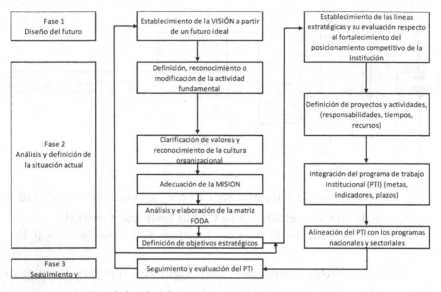

Figura 8. Modelo de planeación estratégica en el INCMNSZ
Fuente: Velázquez Pastrana Ruth (2013), Revista de investigación Clínica, p. 269-274.

2.10.1.5. MODELO DE SOSTENIBILIDAD DE LAS EMPRESAS FAMILIARES

El modelo se representa en la (Figura 9) donde se menciona la sostenibilidad de las empresas familiares que van a depender del cumplimiento de todos y cada uno de los objetivos tanto de la empresa como familiares, sin descartar las operaciones que realizan ambos sistemas. La principal meta de este modelo es la planeación estratégica, la identificación de los recursos, las exigencias, los procesos y operaciones que se deben de desarrollar tanto a nivel familiar como empresarial los cuales deberán favorecer a la empresa familiar. Araya (2011), menciona que el modelo es diferente a los ya existentes ya que influye la familia con la empresa con la intención de obtener un resultado de éxito permanente, así como conocimiento frente a posibles conflictos que se pueden generar o presentar.

En el modelo se formula la sostenibilidad de las empresas familiares el cual depende del cumplimiento de los objetivos, tanto de la familia como de la empresa, además de las operaciones que se realizan entre ambos sistemas. De esta forma, la principal meta del modelo es la planeación estratégica, la tipificación de los recursos, exigencias, procesos y operaciones que deben desarrollarse a nivel familiar y empresa que favorecen la sostenibilidad, el modelo difiere de los existentes porque incluye a la familia en un nivel similar con la empresa con la intención de obtener un resultado de permanencia o de éxito y conocimiento de una reacción frente a posibles conflictos que se pueden generar o presentar.

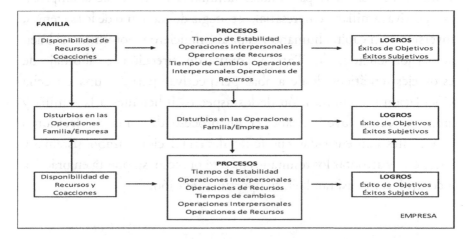

Figura 9. Modelo de sostenibilidad de las empresas familiares
Fuente: Araya Leandro Arnoldo (2017), Revista Tec empresarial, Vol. 11, Núm. 1, p. 28.

2.10.1.6. MODELO DEL PROCESO DE PLANIFICACIÓN PARALELA PPP

Araya (2011), menciona que el método del modelo involucra los valores esenciales, el compromiso de la familia, la visión familiar y el plan de continuidad. En la empresa el proceso de planificación paralela lo constituye la filosofía de gestión, compromiso estratégico, visión empresarial y plan de estrategia empresarial, tanto la familia como la empresa definen los valores, el pensamiento estratégico, la visión futura, la formulación de los planes, el plan de continuidad y el plan empresarial, (Figura 10).

En la familia, el PPP involucra los valores esenciales, compromiso de la familia, compromiso estratégico, visión empresarial y el plan de estrategia empresarial.

El incremento de la complejidad en los componentes del binomio exige incorporar herramientas y modelos eficaces de manera tal que los vínculos emocionales del clan se conviertan en una ventaja estratégica. En este sentido, proponen el Proceso de Planificación Paralelo familia y empresa en cinco etapas: valores familiares y cultura de la empresa, perspectiva familiar y empresarial, estrategia de cada uno de los sistemas, inversiones en capital humano y capital financiero y por último el buen gobierno, acuerdos familiares y comité de dirección, el abordaje de estos ejes temáticos desde ambas perspectivas permite una estrecha vinculación y comunicación de los aspectos inherentes a la familia y empresa, contribuye a establecer un proceso de toma de decisiones conscientes, consensuadas y profesionales en relación a ambos sistemas y a respetar y afrontar los resultados de este proceso, su puesta en práctica y control, como así también su oportuna revisión.

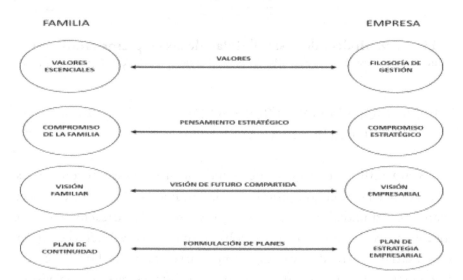

Figura 10. Modelo del proceso de planificación paralela PPP
Fuente: Araya Leandro Arnoldo (2017), Revista Tec. Empresarial, Vol. 11, Núm. 1, p. 29.

2.10.1.7. MODELO DE SUCESIÓN

Goyzueta (2013), menciona que la sucesión es uno de los elementos que puede propiciar el éxito o fracaso de las empresas familiares, es una de las razones más importantes para que las empresas familiares no perduren. La falta de preparación para la sucesión tanto en la propiedad como en la administración son la causante del corto ciclo de la vida de las empresas familiares, el siguiente modelo de la (Figura 11) plantea tres elementos importantes para una sucesión exitosa:

1. **La motivación:** es un elemento que libera el ciclo, el cual se encuentra en la cabeza del líder de la organización, el cual deberá estar consciente de su retiro futuro.

2. **Las herramientas:** son un elemento material que incluye el protocolo familiar, acuerdos entre los accionistas, así como herramientas que se relacionan con el gobierno corporativo.

3. **La acción:** es el proceso de traspaso del liderazgo de la empresa apoyado en los dos elementos anteriores.

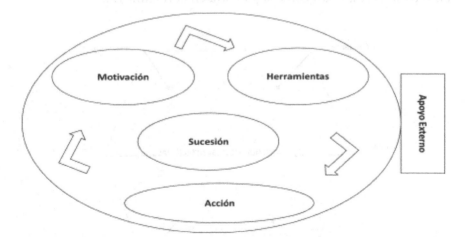

Figura 11. Modelo de sucesión
Fuente: Goyzueía Rivera Samuel Israel (2013), Revista PERSPECTIVAS, p. 87-132.

2.10.1.8. MODELO ESTRATÉGICO DE APRENDIZAJE ORGANIZACIONAL PARA IMPULSAR LA COMPETITIVIDAD MUNICIPAL

Para Gómez (2016), el modelo está compuesto por seis elementos importantes que son: el ambiente, la experiencia, la innovación, tecnologías de información, comunicación, información y conocimiento. El modelo se construyó tomando como base las aportaciones de diferentes autores, así como los resultados de la investigación empírica, el modelo se puede aplicar en todo tipo de organizaciones, una descripción de manera general, es que crea ambientes propicios para el aprendizaje, proporcionando apoyos al personal para programas y cursos especializados en instituciones externas, retoma las experiencias con base en la memoria organizacional derivada de las vivencias anteriores, asentadas en registros de la empresa o en remembranzas y recuerdos del personal, manejo adecuado de la información con apoyo de las TIC cuyo análisis y/o tratamiento estadístico se traduzca en conocimiento que soporte la toma de decisiones que conduzca a cambios y mejoras que garanticen la creación futura de valor para las empresas, como se muestra en la (Figura 12).

Figura 12. Modelo estratégico de seis elementos para el aprendizaje organizacional
Fuente: Gómez Díaz María del Rocío (2016), Revista Pensamiento y Gestión, p. 1-30.

2.10.1.9. MODELO PRÁCTICO DE PLAN ESTRATÉGICO DE MERCADOTECNIA PARA MICRO Y PEQUEÑAS EMPRESAS DE TRANSFORMACIÓN EN LAGOS DE MORENO, JALISCO

Según el autor Lozano & Torres (2017), el modelo abarca seis áreas de un proceso de planeación estratégica con base en la mezcla de mercadotecnia es decir sus áreas se diseñaron a partir de un análisis documental de diferentes procesos de planeación estratégica de mercadotecnia propuestos por diversos autores; Kotler (2000), Hernández et al., (2000), Rivero (2000), Stanton y Futrell (1985), y Muñiz (2005). Este modelo es una propuesta práctica la cual muestra una planeación simple la cual facilita tanto a las macros como a los pequeños empresarios, una actividad administrativa con la finalidad de habituarlos en la planeación para aumentar su capacidad de reacción la cual favorezca la vida comercial de la misma, en el modelo el micro y pequeño empresario, describe los puntos sobre los que la empresa de transformación micro y pequeña va actuar de acuerdo con sus objetivos planteados, así mismo identifica sus áreas de oportunidad con base en la retroalimentación de la información que se genera del ambiente de la mercadotecnia (Figura 13).

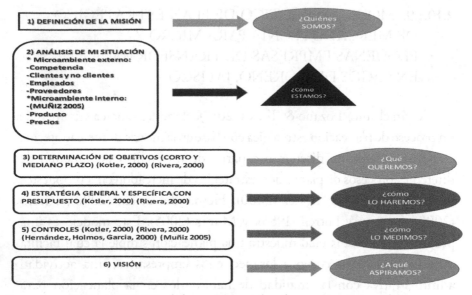

Figura 13. Modelo práctico de plan estratégico de mercadotecnia para micro y pequeñas empresas de transformación en lagos de moreno, Jalisco.
Fuente: Lozano-González Edith Ariadna; Torres-Avalos Gerardo Alonso (2017), Revista RA XIMHAI, p. 405-416.

2.10.1.10. MODELO DE REFERENCIA OPERACIONAL APLICADO A UNA EMPRESA DE SERVICIOS DE MANTENIMIENTO

Herrera Vidal & Herrera Vega (2016), mencionan que el modelo proporcionó una serie de indicadores, dentro de los procesos que se encuentran en la cadena están los de planificación, abastecimiento, producción, distribución y retorno está definida desde los proveedores nacionales hasta las empresas consumidoras a las cuales se les presta el servicio de reparación de equipos eléctricos de manera directa (Figura 14).

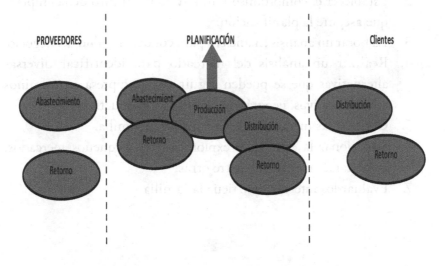

**Figura 14. Modelo de referencia operacional aplicado
a una empresa de servicio de mantenimiento**
Fuente: Herrera Vidal German, Herrera Vega Juan Carlos (2016),
Revista Venezolana de Gerencia (RVG), p. 549-571.

2.10.1.11. MODELO DE INTERDEPENDENCIA DE PLANIFICACIÓN EMPRESARIAL Y DE LA FAMILIA

Ward (2006), propone el siguiente modelo, como producto de una de sus primeras investigaciones sobre las razones críticas y beneficiosas de la planeación estratégica en las empresas familiares (Figura 15) en su análisis propuso que no era necesaria una planeación formal simple y cuando existiera un pensamiento estratégico y la empresa familiar fuera pequeña, indicaba también que las posibles explicaciones de la necesidad de este tipo de planes giran en torno a necesidades financieras, graves problemas familiares y de carácter patrimonial.

Partiendo de este esquema Ward (2006), identificó los siguientes pasos para el desarrollo de un planteamiento estratégico:

1. Tener una radiografía del estado actual de la empresa (FODA).

2. Establecer el compromiso familiar con el futuro de la empresa que asegure la planificación.
3. Elaborar un análisis financiero para conocer la salud del negocio.
4. Realizar un análisis del mercado para identificar diversas alternativas que se pueden seguir en la empresa en términos administrativos, geográficos, calidad y productividad.
5. Conocer las metas que desea cumplir la familia.
6. Seleccionar la estrategia: exploración de pequeños mercados, enfatizarse en el cliente entre otras.
7. Evaluar los intereses que tiene la familia.

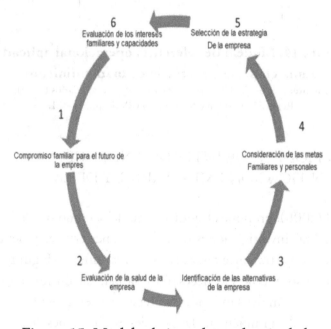

Figura 15. Modelo de interdependencia de la planificación empresarial familiar
Fuente: Araya Leandro Arnoldo (2017), Revista Tec. Empresarial, Vol. 11, Núm. 1, p. 26.

2.10.1.12. MODELO DE WILLIAM NEWMAN

William H. Newman define al proceso de planeación en los siguientes términos "entendemos mejor el proceso de planeación si primeramente estudiamos las etapas básicas de una decisión especifica que se tome. Estas etapas son el diagnóstico del problema, la determinación de soluciones optativas, el pronóstico de resultados en cada acción y finalmente, la elección del camino a seguir", a partir de estas declaraciones, se construye el gráfico del siguiente modelo (Figura 16) en el modelo es posible encontrar elementos que tienen una gran coincidencia como se observa en dicho modelo, esta propuesta proviene de la teoría clásica de la Administración, puede parecer el modelo muy simplista pero centra su atención al hecho de que la planeación, estratégica indica con precisión un diagnóstico relativo a un problema determinado (Álvarez, 2002).

Figura 16. Modelo de William Newman
Fuente: Álvarez I. (2002), Planificación y desarrollo de proyectos
sociales y educativos, editorial: Limusa, p. 23.

2.10.1.13. MODELO DE PLANEACIÓN DE FRANK BANGHART

Es uno de los modelos más claros y completos el cual incluye las siguientes fases: la definición del problema, conceptualización del problema y diseño de planes o alternativas, evaluación de planes o alternativas, selección de planes o alternativas y retroalimentación, la propuesta de Frank con respecto a la de Newman, presenta algunas variantes interesantes de observar, entre las más importantes es la idea de sistemas, en la fase de conceptualización del problema se incluye el diseño de planes o alternativas, ligando varias de las etapas en una sola, en la segunda etapa, se propone la evaluación de los planes o las alternativas propuestas este paso es coherente como antecedente a la actividad de planeación final, en la tercera fase se consigna la selección de planes o alternativas, como acción subsecuente a la evaluación, la cuarta fase, instrumentación del plan o alternativa, se refiere propiamente a la operación del plan o alternativa seleccionada, finalmente en la quinta fase, se propone el proceso de retroalimentación, como actividad de análisis para quitar o corregir las deficiencias (Figura 17) observadas de ejecución del plan (Álvarez, 2002).

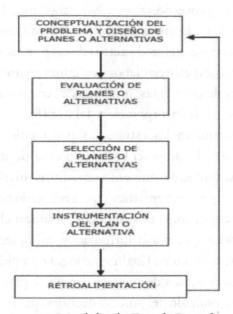

Figura 17. Modelo de Frank Banghart.
Fuente: Álvarez I. (2002), Planificación y desarrollo de proyectos
sociales y educativos, editorial: Limusa, p. 23

2.10.1.14. MODELO ESTRATÉGICO FUNDAMENTADO EN EL CAPITAL HUMANO PARA CONTRIBUIR A INCREMENTAR EL RENDIMIENTO EN LAS PYMES

El modelo estratégico se constituyó por tres etapas, mismas que se describen de la siguiente manera (Figura18).

Etapa 1. Diagnóstico.

Se destaca la importancia de realizar un análisis interno de la Pyme cubriendo no solo los comportamientos del capital humano, si no todas las áreas de la organización, de tal manera, que a través de la aplicación de la gestión estratégica sea posible contribuir al incremento en el rendimiento. Para ello, se sugiere seguir la siguiente secuencia: llevar a cabo un diagnóstico de la organización a través de la técnica FODA, pues esto permite el análisis de las oportunidades y las amenazas del entorno externo y comprobar la posición en el mercado, la competencia, la relación con los proveedores, etc. Mientras que el análisis interno refleja la estructura de la organización para identificar sus fortalezas y debilidades y determinar el estado actual de los procesos administrativos y productivos, las competencias laborales, clima organizacional, análisis de la formulación de estrategias, procesos de comunicación, etc.

Etapa 2. Proceso de incorporación del MEIR.

En esta se formulan las estrategias por medio de un diseño y procedimiento formal que describa la respuesta de una organización para adaptarse al ambiente que enfrenta. En el nivel directivo de la organización. Es importante enfatizar que es necesario conocer de manera específica el proceso de toma de decisiones y conocer el rol del directivo de la organización respecto a la formulación e implementación de las estrategias, ya que es él, quien finalmente logra o impide que la empresa se incorpore a los procesos de modernización, a partir de la toma de decisiones. Como resultado del proceso decisorio para la construcción de las estrategias y compartirlas con el capital humano, de la gestión en las competencias. Se formulan los programas de capacitación estableciendo funciones, la modificación en los procesos, la incorporación de los cambios sobre políticas y valores; se establecen los procesos que se requieran para el desarrollo de la gestión del conocimiento empresarial y la incorporación de la innovación y la tecnología, específicamente de las TICS. Posteriormente se gestionaron los recursos materiales, físicos y financieros para llevar a cabo la aplicación del modelo MEIR y se establecen las medidas de control en cada uno de elementos que integran el modelo para obtener un incremento paulatino en el rendimiento al interior de la Pyme.

Etapa 3. Implantación y mejora.

Se realiza en dos partes. La primera parte de la etapa 3 se desarrolló en el nivel gerencial, mientras que la segunda, en el nivel táctico y operativo de la organización y se da continuidad al despliegue del proceso estratégico.

En la primera parte, se perfiló la integración de los procesos por medio de dos elementos fundamentales. En el primero, se identificó la esencia y la parte fundamental del ser humano, es decir, la conexión con su razón de ser, con su sentido principal, con sus funciones, sus valores universales, su comportamiento, su propósito para lograr las estrategias, sus objetivos, etc. Se realizó la determinación de criterios de desempeño, evidencias del mismo, de conocimiento y de las competencias laborales que posee para llevar a cabo las actividades. En el segundo, se establecen los procedimientos, se asignan responsables, responsabilidades y funciones, Ruiz & (Salgado, 2018).

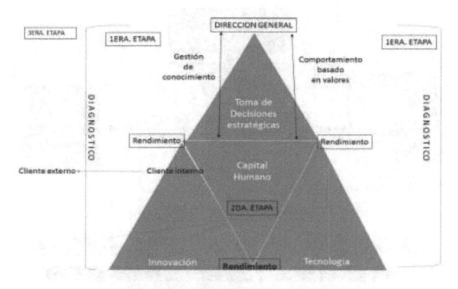

Figura 18 Modelo estratégico para incrementar el rendimiento (MEIR) en la pequeña y mediana empresa.
Fuente: Ruiz, Lilia, Salgado Francisco Javier (2018), Modelo estratégico para incrementar el rendimiento (MEIR) en la pequeña y mediana empresa, p. 1936.

2.10.1.15.   MODELO DE GESTIÓN DE LA INNOVACIÓN

Existen diversos modelos de gestión de la innovación, dentro de los que han predominado es el modelo lineal, lo que no ha permitido la interacción entre los diferentes actores, por tanto, no se ha aprovechado el poder de las redes para inducir cambios basados en conocimientos que generen riqueza en el sector agrícola.

Como complemento (Figura 19) los comportamientos de los agricultores de hortalizas cultivadas bajo invernadero son distintos, frente a las mismas necesidades y oportunidades de innovar. Por lo que en este estudio se formuló un modelo que contiene una serie de elementos que en determinado entorno geográfico interactúen para producir y utilizar conocimiento científico y conseguir beneficios económicos y sociales (Montiel, 2017).

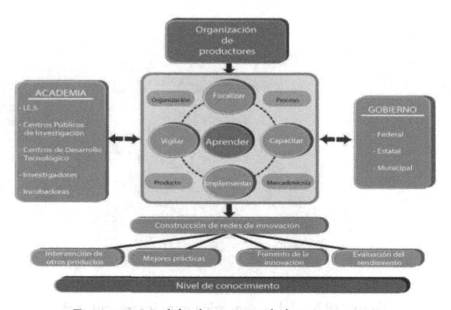

Figura 19 Modelo de gestión de la innovación
Fuente: Montiel, Huerta Ma. Elizabeth, (2018), Modelo
de gestión de la innovación, p. 148.

2.11. QUÉ ES LA STEVIA

De acuerdo a Ramirez & Lozano (2017), es una planta que ha sido utilizada durante siglos por los indios Guaranies, la cual se utiliza como edulcorante y planta medicinal, esta es llamada en su lengua como ka'a Heé denominada (Yerba dulce). Para Aranda entre otros, (2014), la Stevia es una planta con propiedades edulcorantes y sin contenido calórico, lo que la hace un buen candidato para ser utilizada en la industria alimentaria. Para Salvador, Sotelo, & Paucar (2014), definen a la Stevia como el mejor sustituto de azúcar, debido a su origen natural y bajo contenido calórico.

2.11.1. BENEFICIOS DE LA STEVIA

Salvador, Sotelo, & Paucar (2014) mencionan que esta planta, cuyas hojas llegan a ser 300 veces más dulces que la sacarosa, es una buena alternativa para el tratamiento de enfermedades crónicas como la diabetes y la obesidad; asi mismo puede ser consumida por personas sanas que quieran mejorar aún más su estilo de vida, debido a que no presenta efectos secundarios, los estudios científicos de esta planta serán de gran ayuda para la agroindustria ya que se ha empezado a incorporar a la Stevia como endulzante de bebidas y otros. Herrera (2012), menciona que uno de los beneficios más importantes de la Stevia es para los diabéticos, siendo hipotensora (recomendada para personas con tensión alta, pues la reduce), tambien sirve para el cuidado facial, para problemas de acidez de estómago, también es adecuada para bajar el nivel de acidez de la sangre y de la orina, así como ayuda a bajar de peso ya que no cuenta con calorías y no produce ningun daño nocivo causado por el azúcar y demás edulcorantes artificiales. De Paula et al., (2010), mencionan que esta planta reemplaza los otros edulcorantes en comidas, tortas y bebidas en general, también es agregado a bebidas de bajo contenido calórico (refrescos), caramelos, goma de mascar, pastelería, yogurt, dulces, encurtidos, salsas, productos medicinales y de higiene bucal (en China se emplea en la formulación de pastas dentales). Katarzyna & Zbigniew (2015), mencionan que la Stevia tuvo una serie de aplicaciones muy amplia en todo el mundo no solo como edulcorante, sino también como aditivo alimentario que reduce el valor energético de los productos alimenticios, numerosos estudios revelan todas las propiedades promotoras de la Stevia, así como sus aplicaciones potenciales como sustancias coadyuvantes que benefician en tratamientos para muchas e inumerables enfermedades crónicas, se requiere de más investigación para determinar las interacciones de los metabólitos de Stevia con los componentes alimentarios para de esta manera corroborar la ingesta diaria aceptable de este aditivo alimentario.

2.11.2. PRINCIPALES PRODUCTORES DE STEVIA

La superficie sembrada de Stevia en el mundo se sitúa alrededor de 30,000 hectáreas, de las cuales 25,000 son sembradas en la república popular de China, Paraguay ocupa el segundo lugar con 800 has, Ramirez & Lozano (2017). China comercializa el 50% de su producción en su mercado interno, el 40% lo exporte a Japón y el 10% restante a Corea, Indonesia y Estados Unidos, Paraguay como segundo productor mundial de hoja de Stevia, tiene en Japón su principal cliente y la fábrica que tiene Brasil en el sur de su territorio. También exporta en menores cantidades a Europa y México. El volumen de producción mundial asciende entre las 100,000 y 200,000 toneladas de hoja seca, siendo los principales productores China, con aproximadamente el 75% de la producción mundial, y Paraguay con el 8% (Campuzano et al., 2009).

2.11.3. CLIMA PARA LA PRODUCCIÓN DE STEVIA

Balonch et al., (2009); Jarma et al., (2012), concuerdan en que la condición de luminosidad, hace que la planta de Stevia pueda presentar los ciclos más cortos en cuanto a la floración comparada con el lugar de origen, y oscila entre 45 y 60 días, dependiendo de las condiciones de precipitación, temperatura y luminosidad.

La Stevia en su estado natural crece en la región subtropical, semihúmeda de América, con precipitaciones que oscilan entre 1 400 y 1 800 mm, distribuidos durante todo el año y temperaturas extremas de -6 a 43 °C, con promedio de 23 °C. Durante el invierno su parte aérea se seca, rebrotando desde la base en primavera. La planta resiste la humedad pero no la sequía y esto puede explicarse por la morfología de su sistema radicular (Yadav et al., 2011).

2.11.4. PRINCIPALES ENFERMEDADES DE LA STEVIA

La planta es susceptible al ataque de diferentes plagas, así como de enfermedades, los problemas fitopatológicos mayores son los ocasionados por hongos y nematodos, mientras que las plagas más frecuentes son los ácaros e insectos masticadores, raspadores y succionadores Oregon (2001). Las enfermedades que se encontraron en los cultivos de Stevia fueron causadas por Fito patógenos del grupo de los hongos (Tabla 4).

Tabla 4 Hongos causales de enfermedades en el cultivo de Stevia.

Síntomas	Género	Órgano atacado
Marchitamiento	Fusarium sp.	Raíz- Tallo
	Rhizoctonia sp.	Raíz- Tallo
	Sclerotium sp.	Raíz- Tallo
Manchas necróticas	Septoria sp.	Hojas
	Alternaria sp.	Hojas- Tallo
Ennegrecimiento	Colletotrichum sp.	Tallo
	Phomopsis sp.	Tallo
	Curvularia sp.	Tallo
	Betryodiplodia sp.	Tallo
	Phlyctaena sp.	Tallo
Pudrición oscura y aborto	Aspergillus sp.	Flores
	Cladosporium sp.	Flores

Fuente: Orrego, F. A. L. (2001), "Levantamiento de enfermedades y plagas Ka'a he'e Stevia rebaudiana (Bertoni), p. 12.

2.11.5. ENRAIZAMIENTO DE ESQUEJES DE STEVIA REBAUDIANA BERTONI

Lopez, Gil, & Angelica (2016), en su investigación utiliza esquejes de plantas madres de Stevia rebaudiana Bertoni provenientes de un cultivo in vitro el cual permite uniformizar y optimizar la producción de nuevas plantas. Cifuentes (2013), afirma que el cultivo de manera convencional y tradicional a partir de las semillas imposibilita conseguir una plantación vigorosa y uniforme debido a que la semilla es muy pequeña se tiene una mortalidad de germinado muy alta, fig. 20. Por otro lado, afirmo que esta desventaja se ve superada a partir de un cultivo de tejidos vegetales y posterior la aclimatación de las vitroplantas.

Figura 20. Esquejes enraizados de Stevia rebaudiana bertoni
Fuente: López, Gil, & Angélica (2016), Enraizamiento
de esquejes de Stevia rebaudiana, p. 575.

2.11.6. PRODUCCIÓN Y CONSUMO DE LA STEVIA

Yantis (2011), dijo que un 70% de la producción mundial de Stevia se destina para el procesamiento de cristales de esteviósido, mientras que el otro 30% se destina a herbarios, esta planta puede prepararse como una infusión y beberla, o en su caso puede ser procesada y obtener un extracto para poder endulzar otras bebidas o alimentos no regulado por la administración de drogas y alimentos. Gonzales (2011), considera que los diferentes usos y aplicaciones que se le puede dar a la Stevia van a depender del nivel de dulzor que se le puede incluir al producto, también se utilizó en empresas agroindustriales como edulcorantes no calóricos, de bebidas, mermeladas, productos de panificación, cereales entre otros. Esta labor se puede hacer de forma manual o mecánica; las camas deben ser de 100 a 120 cm de ancho y con una altura de 20 a 30 centímetros (dependiendo de la inclinación del terreno). Las plantas no toleran encharcamiento, por ello es necesario construir un buen sistema de drenaje; más aún teniendo en cuenta que la vida útil del cultivo es de 3 a 5 años, y se recomienda aplicar a cada era de 120 cm por 50 metros de largo, cinco bultos de materia orgánica INIFAP (2014). La Stevia debe sembrarse de preferencia en la época seca con temperatura ambiente de 20 °C a 25 °C, esto con el fin de evitar los excesos de humedad de las precipitaciones de la época de lluvias y temperaturas altas que favorecen la presencia de enfermedades fungosas que dañen a la planta. La planta debe sembrarse profundo, dejando enterrados los dos primeros pares de hoja, con el fin de garantizar los rebrotes desde la superficie del suelo (INIFAP, 2014).

2.11.7. INDUSTRIALIZACIÓN DE LA STEVIA

Debido a las múltiples propiedades atribuidas a los glucósidos de la Stevia Rebaudiana, se desarrolló y optimizó el proceso industria para la obtención de los principios activos a partir de la hoja seca. El proceso se basó en una extracción acuosa del material vegetal a temperatura controlada seguida de una serie de pasos que nos llevan a una purificación siendo una de las principales etapas clave del proceso para la obtención del líquido de extracción a través de una resina que tiene los principios edulcorantes dejando pasar los otros componentes extraídos simultáneamente con estos, el extracto final es un líquido incoloro el cual se concentra por la evaporación al vacío hasta la obtención de los cristales Ramírez et alt., (2011). De acuerdo con Ramirez & Lozano (2017), mencionan que la Stevia puede ser para los productores de México un cultivo innovador y muy rentable, presentando condiciones promisorias del mercado tanto interno como externo. Puede ser el consumo mediante hierba o como productos industrializados, derivados de esta especie vegetal, es muy interesante, pues está destinada a sustituir el uso de edulcorantes sintéticos que cada vez son más cuestionados por presentar riesgos para la salud de los usuarios. En México se cuenta con las condiciones óptimas agroecológicas para la producción de Stevia.

2.11.8. POTENCIAL PRODUCTIVO DE STEVIA, BAJO CONDICIONES DE RIEGO EN MÉXICO

Ramirez & Lozano (2016), afirman que existen condiciones agroecológicas óptimas para producir Stevia rebaudiana bajo condiciones de riego y mejorar su productividad en México. Las zonas más apropiadas para la producción de Stevia Rebaudiana bajo condiciones de riego se localizaron en la región del pacífico y algunos del sur del país principalmente en los estados de Jalisco, Nayarit, Michoacán, Guerrero, Oaxaca, Chiapas y Veracruz. El tipo de suelo, la precipitación y la altitud son factores determinantes en la definición de zonas de óptimo y subóptimo potencial en el cultivo de Stevia. Las zonas de alto potencial superan por mucho a la superficie de Stevia sembrada actualmente en el país.

2.11.9. EVALUACIÓN DE LA INOCUIDAD DE STEVIA REBAUDIANA BERTONI CULTIVADA EN MÉXICO

En su investigación Aranda entre otros (2014), afirma que el extracto de Stevia rebaudiana de la variedad Morita ll cultivada en el sureste de México tiene un bajo índice glicémico y en las dosis evaluadas ni se presentó citoxicidad, efecto agudo o crónico sobre la glucosa sanguínea en animales con diabetes, por lo que lo hace un endulzante adecuado o inocuo el cual puede formar parte de una dieta que previene la aparición de enfermedades crónicas, el cual puede ser consumido por personas sanas o con diabetes.

2.11.10. PATENTES SOBRE PRODUCCIÓN DE STEVIA

Todo ser humano es capaz de crear, diseñar, inventar por todo esto le son reconocidos todos sus derechos de su capacidad creativa e intelectual, principalmente se trata de creaciones de la mente que permiten transformar la materia o energía en beneficio del ser humano.

Actualmente, la regulación entorno a la propiedad intelectual debe formar parte imprescindible de las pequeñas y medianas organizaciones proteger los distintivos de un producto, así como patentes de propiedad industrial, son tareas que realiza el IMPI México, (Instituto Mexicano de la Propiedad Industrial) y en el país es el único organismo con la facultad legal de otorgar o rechazar el título de propiedad de marcas y patentes, este mismo es un órgano descentralizado y económicamente depende meramente de los trámites que gestiona.

Apolo (2017), menciona que una patente es un derecho exclusivo que se le concede a una persona sobre una invención. En términos generales, una patente faculta a su titular a decidir si la invención puede ser utilizada por terceros y en ese caso de qué forma. Como contrapartida de ese derecho, en el documento de patente publicado, el titular de la patente pone a disposición del público la información técnica relativa a la invención.

2.11.11. MÉTODO A CAMPO ABIERTO POR ESQUEJES

La patente explica la creación de un procedimiento de producción de planta de Stevia a campo abierto que reduzca los costos de producción alcanzando altos rendimientos anuales el cual beneficiará al medio ambiente por la exclusión de productos químicos para la obtención de cultivos 100% orgánicos.

La invención argumenta un cierto procedimiento el cual produce plántulas de Stevia de manera sustentable a campo abierto, la cual mejora fundamentalmente el rendimiento de al menos 20 toneladas por hectárea. El procedimiento explica la preparación del suelo, así como la preparación de camas, siembra, manejo de cultivo, extracción de mudas, preparación de mudas, plantación de esquejes en camas, características de los esquejes, preparación del esqueje, así como la plantación y producción (México Patente No. MX20120003093A, 2013).

2.11.12. MÉTODO DE CULTIVO DE RAÍCES

La invención se refiere al campo técnico de la siembra agrícola, en particular a un método de cultivo de enraizamiento de Stevia rebaudiana. Asimismo el método incluye los siguientes pasos:

1. Selección de plántulas: en este paso se tiene que seleccionar un brote de Stevia rebaudiana que crezca con la suficiente fuerza para posteriormente cortar el brote en un segmento de tallo de una sola articulación.
2. Pretratamiento: remojar el segmento del vástago de una sola junta en el líquido de enraizamiento durante 2-4 hrs.
3. Cultivo de enraizamiento: una vez inoculado el brote de Stevia rebaudiana tratado en un medio de cultivo de enraizamiento, en el que la temperatura de cultivo es de 25-28° C, la intensidad de iluminación es de 2000 Lux y el tiempo de iluminación es de 12-13 hrs.

De acuerdo con el método, el líquido de enraizamiento se utiliza para remojar, remover el enraizamiento del brote, luego se inocula el brote en el medio de cultivo de enraizamiento promoviendo a través del doble cultivo la tasa de enraizamiento del brote incrementándose enormemente, el brote después del enraizamiento se somete a un cultivo de tallado, por lo que aumenta la tasa de supervivencia de las plántulas. El método es simple en cuanto a su proceso, conveniente para operar y alto en valor de aplicación, (China Patente No. CN106613958A, 2017).

2.11.13. MÉTODO PARA MEJORAR EL CONTENIDO EN (RM) DE LA STEVIA MEDIANTE CULTIVO INVITRO

La invención explica un método para mejorar el contenido de Stevia mediante cultivo in vitro, y pertenece al campo de la citología y la biología. El método comprende principalmente los siguientes pasos:

1. Inocular hojas de Stevia como explantes en un medio de cultivo de callos.
2. Después de que se produce un callo verde, transferir las hojas a un medio de inducción de yemas.
3. Después de que se produce el brote, se transfieren las hojas a un medio de raíz y se realiza un subcultivo convencional y se expande la propagación después de inducir una gran cantidad de raíces.

De acuerdo con el método para mejorar el contenido del cultivo in vitro de Stevia, el contenido de la Stevia aumenta significativamente después del cultivo, y los medios también son fáciles de obtener durante el proceso de cultivo siendo simple y fácil implementar (China Patente No. CN108782249, 2018).

2.11.14. MÉTODO DE UN AÑO Y DOS CULTIVOS PARA LA CRÍA DE STEVIA REBAUDIANA

La invención habla de una tecnología de reproducción de Stevia rebaudiana y mediante un método de dos años de duración para la reproducción de Stevia rebaudiana. De acuerdo con el trabajo de mejoramiento de Stevia rebaudiana, la siembra se realiza en primavera, la cosecha se realiza en otoño, solo un cultivo de Stevia rebaudiana se puede dar en un año y el progreso de la reproducción es lento. El método comprende los pasos en que las plántulas de primer cultivo se crían cortando en un invernadero en primavera y se lleva a cabo la siembra en campo abierto; 15 días antes de la cosecha del primer cultivo, se determinan y examinan los caracteres agronómicos y las cualidades de los materiales originales de la Stevia rebaudiana; se realiza un plan de hibridación del segundo cultivo, los tallos se cortan de las plantas del primer cultivo y se someten a corte para el cultivo de plántulas; después de ser criado, las plántulas se plantan en macetas de flores; antes de la floración, los padres de Stevia rebaudiana se emparejan y se juntan; en la etapa de floración, la polinización se realiza por hibridación a través de insectos; cuando el clima en otoño se vuelve frío, la Stevia rebaudiana en maceta se trasplanta en el invernadero de plástico; después de que las semillas maduran, se cosechan las semillas híbridas positivas y las semillas híbridas invertidas, respectivamente. El método tiene las ventajas de que el cultivo en dos cultivos se logra en un año, el periodo de trabajo de cruzamiento de Stevia rebaudiana se acorta, se mejora la eficiencia de reproducción y se ahorra el costo de reproducción (China Patente no. CN108738776 (A), 2018).

2.12. INVERNADERO

Es una instalación que esta cubierta y cerrada artificialmente con materiales transparentes, en la mayoría de los casos, con el fin de proteger de las malas condiciones ambientales climáticas a las plantas, así como también proteger de las bajas temperaturas, vientos fuertes, granizo, tormentas, baja humedad del aire o excesiva radiación solar, agrícolas (2016). Firco (2016), define a un invernadero como un lugar cerrado, estático y accesible a pie, destinado principalmente para la horticultura, el cual está dotado habitualmente de una cubierta exterior translúcida de vidrio o plástico, permitiendo el control de la temperatura, la humedad y otros factores ambientales para favorecer el desarrollo de las plantas, aprovecha el efecto de la radiación solar que, cuando atraviesa un vidrio o un plástico translúcido, se calienta el ambiente así como los objetos que se encuentran dentro, todos los sistemas de producción bajo condiciones de invernadero requieren de controles ambientales, estructuras de sombra, de soporte de plantas y prácticas de producción muy parecidas.

La producción de un invernadero es conocido también como agricultura protegida o cultivo protegido y que también se le conoce como cultivos en invernáculo y es definido como aquel que durante todo el ciclo de producción o en una parte del mismo, se incorporan modificaciones que actúan acondicionando el microclima del espacio donde crecen las plantas. Al colocarse sobre una estructura una cubierta transparente, se genera un clima espontáneo en su interior que favorece el cultivo de diversas especies, el ambiente que se logra dependerá de la naturaleza de la cubierta y de la estructura, de la forma geométrica y de las condiciones del clima externo (Adlercreutz, et. alt., 2014).

El cultivo en invernaderos resulta exigente en cuanto a temperatura y humedad relativa, ya que para inducir determinados estados fenológicos necesita de temperaturas y humedades relativas concretas, resulta muy interesante cuando esto es aplicado en invernaderos para la producción y principalmente para acortar su ciclo comúnmente conocido como precocidad del ciclo de cultivo y principalmente en cultivos en donde los periodos del clima o periodos de tiempo y épocas del año no lo permiten (Novedades Agricolas, 2018).

La modernización de los invernaderos es un factor fundamental en la agricultura actual, sus estructuras han evolucionado mucho, desde los invernaderos planos a los de raspa y amagado y por último a los modernos invernaderos multi túnel, la construcción de los invernaderos modernos deben almacenar una gran cantidad de volumen de aire, para que las oscilaciones de temperatura entre el día y la noche en los cultivos sean menores, es por esto que las estructuras modernas deben de ser de gran altura, la cual hace que las temperaturas en verano de este tipo de invernadero sean mucho más bajas que en los invernaderos antiguos, y las temperaturas en invierno sean más elevadas Cervantes (2018). Como en todas las empresas no existe un riesgo cero, ni impacto cero, en los invernaderos existe una serie de ventajas y desventajas que se deben de considerar siempre bien presentes antes de que se construya un invernadero, las principales ventajas y desventajas de los invernaderos se presentan en la (Tabla 5).

Tabla 5. Ventajas y desventajas del uso de invernaderos.

Ventajas	Desventajas
1.- Adelanto (precocidad) o atraso (tardia) de la cosecha y posibilidades de obtenerlas fuera de época.	1.- Inversión inicial alta.

2.- Aumento de los rendimientos (3 a 5 veces mayor que los obtenidos a campo).

2.- Los cultivos protegidos difieren en su complejidad de manejo de los cultivos a campo.

3.- Producción de mayor calidad (limpieza, sanidad).

3.- Los cultivos protegidos demandan mayor tecnología y mayor costo.

4.- Mayor eficiencia en el uso de agua.

4.- Dificultad para superar algunas adversidades que el sistema de cultivo protegido genera.

5.- Mayor facilidad para la organización de las actividades.

5.- Necesidad de mano de obra más capacitada.

6.- Condiciones más adecuadas del trabajo de los operarios.

7.- Mejores condiciones para emplear criterios de control integrado de plagas y enfermedades.

8.- Posibilidad de realizar más cultivos al año en la misma superficie.

Fuente: Adlercreutz, y otros (2014), Producción hortícola bajo cubierta, editorial: INTA, p. 8.

2.12.1. TECNIFICACIÓN DE LOS INVERNADEROS

La tecnificación de los invernaderos en México es considerada de media y baja tecnología, todo en función de como lo explica la siguiente (Figura 21).

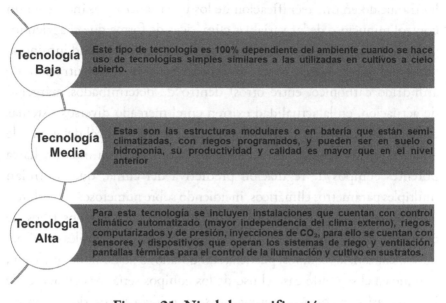

Figura 21. Nivel de tecnificación.
Fuente: Juárez, et al (2011), Estructuras utilizadas en
la agricultura, Revista Fuente, p. 21-27

Los invernaderos modernos son los que se encuentran acondicionados con todos los mecanismos y equipos necesarios para controlar el nivel de temperatura interior, luminosidad, humedad interior ambiental y del sustrato, así como la ventilación, aireación, aporte de CO_2, riegos y fertilización, con todo esto se logra un aumento sustancial en cuanto a los rendimientos agrícolas a niveles superiores a los alcanzados en campo abierto mediante cualquiera de los sistemas de producción tradicional de la agricultura mecanizada (Juárez, et. alt., 2011).

Valera & Molina (2008), están de acuerdo en que los invernaderos actualmente diseñados para acoger dentro de ellos un cultivo hortícola el cual será tratado mediante un ciclo de vida como un insumo de producción, al cual se le unirán otros como agua, combustible, fertilizantes, productos fitosanitarios, mano de obra, etc., es decir los invernaderos del futuro se asemejan más a industrias agrarias que a los tradicionales huertos agrícolas de los que provienen. El cambio se debe a que se deben de controlar con mucha precisión los componentes que intervienen en la producción final de los cultivos. La doble necesidad se ha traducido en una tecnificación de los invernaderos basándose en un control minucioso de las variables climáticas de forma que el agricultor pueda modificar ciertos parámetros ambientales (intensidad luminosa, radiación solar, temperatura, humedad relativa, concentración de anhídrido carbónico, entre otros) dentro de determinados márgenes de actuación, en la actualidad existen en el mercado diversos sistemas de control climático que permiten desde el simple control del grado de apertura de las ventanas en función de la temperatura interior, hasta potentes equipos de regulación predictiva del clima, que controlan múltiples parámetros climáticos, incidiendo sobre numerosos actuadores.

Los invernaderos semi-climatizados tienen solo algunos tipos de climatización y aunque se acercan a obtener condiciones ideales de clima, no se alcanzan, los equipos, pueden estar dotados o no de automatización, aunque en el segundo caso el uso de los equipos sería más eficiente. Se instalan así por costos o porque no se considera necesario el control del clima de una forma rigurosa, debido a la relación costo-beneficio. Propicios para explotaciones agrícolas altamente rentables, por otra parte los invernaderos no climatizados, generalmente denominados cubiertas, solo incluyen la estructura y algún tipo de cobertura traslúcida, teniendo en cuenta que son estructuras diseñadas con base en criterios técnicos, como la conservación de la energía, captación de luz y resistencia a los vientos (Montiel, 2017).

La estructura del armazón de un invernadero, se encuentra constituida por pies derechos, vigas, cambios, correas, etc., que soportan ciertos factores climáticos (el viento, la nieve, la lluvia, temperatura y humedad relativa, entre otros), la estructura del invernadero es uno de los elementos constructivos que mejor se debe estudiar, desde el punto de vista de la solidez y la economía, a la hora de decidirse por un determinado tipo de invernadero Urbipedia (2011). En la (Tabla 2) se presentan otras características de invernaderos.

2.12.2. TIPOS DE INVERNADEROS

Horti Cultivos (2017), menciona que los invernaderos se clasificar de diferentes formas según las diferentes características de sus elementos constructivos (por su perfil eterno, según su fijación o movilidad, por el material de cubierta, según la estructura). La elección de un tipo de invernadero está en función de una serie de factores o aspectos técnicos y que pueden ser:

1. **Invernadero plano o tipo parral**: Se utiliza en las zonas donde hay poca lluvia, no es aconsejable su construcción, ya que la estructura de este tipo de invernaderos está constituida por dos partes claramente diferenciadas, siendo vertical y otra horizontal, la estructura vertical la constituye soportes rígidos que se diferencian según sean perimetrales y la estructura horizontal la constituyen dos mallas de alambre galvanizado superpuestas, implantadas manualmente de forma simultánea a la construcción del invernadero (Figura 22).

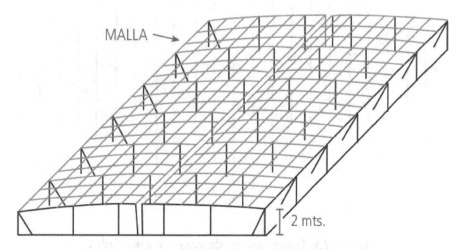

Figura 22. Invernadero plano o tipo parral.
Fuente: Horticultivos. (2017), principales tipos de invernadero.

2. **Invernaderos en raspa y amagado**: Resultan de una transformación de los invernaderos planos o tipo parral, su principal objetivo es la de evacuar el agua de lluvia, ya que a los invernaderos planos, al llover, se forman grandes bolsas de agua que perjudican la estructura, este tipo de estructuras consiste en un invernadero donde la parte alta se conoce como "raspa", está sostenida mediante tubos galvanizados o de perfiles laminados y alambres o trenzas de hilos de alambre, y la parte baja se conoce como "amagado", se une a la estructura mediante horquillas de hierro sujetas a la base del mismo, el uso de este tipo está recomendado para climas templados, ya que por cuestiones de estanqueidad y aislamiento no se recomienda su empleo en climas fríos. Debido a su diseño, su baja altura les confiere resistencia a fuertes vientos (Figura 23).

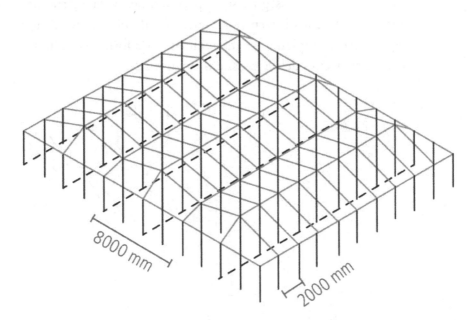

Figura 23. Invernadero de raspa y amagado.
Fuente: Horticultivos. (2017), principales tipos de invernadero.

3. **Invernaderos asimétricos:** También se conoce "Invernaderos Tropicales" porque su uso está muy extendido en estas regiones.

Su geometría es asimétrica porque a diferencia de los invernaderos tipo capilla y góticos, uno de los lados de la cubierta es más inclinado que el otro. La inclinación de la cubierta se estudia en función de la incidencia perpendicular sobre la misma de la luz al medio día solar, durante el invierno, con el objetivo de aprovechar al máximo la radiación solar incidente (Figura 24).

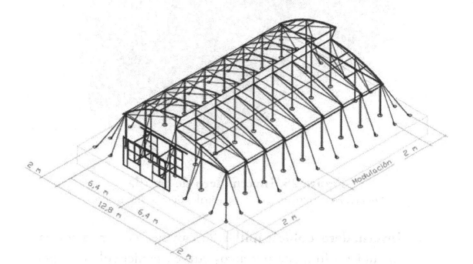

Figura 24. Invernadero asimétrico.
Fuente: Horticultivos. (2017), principales tipos de invernadero.

4. **Invernadero de capilla:** Los invernaderos de capilla simple tienen el techo formando uno o dos planos inclinados, según sea a un agua o a dos aguas, la anchura que suele darse a estos invernaderos es de 12 a 16 metros. La altura en cubierta está comprendida entre 3.25 y 4 metros. Si la inclinación de los planos del techo es mayor a 25º C, no ofrecen inconvenientes en la evacuación del agua de lluvia. La ventilación es por ventanas frontales y laterales. Cuando se trata de estructuras formadas por varias naves unidas la ausencia de ventanas cenitales dificulta la ventilación (Figura 25).

Figura 25. Invernadero de capilla.
Fuente: Horticultivos. (2017), principales tipos de invernadero.

5. **Invernadero doble capilla:** Se caracteriza por la forma de su cubierta formada por arcos curvos semicirculares y por su estructura totalmente metálica, la utilización de este tipo de invernaderos está pensado principalmente para climas templados y fríos, aunque con las modificaciones adecuadas se pueden adaptar a casi todo tipo de condiciones climáticas, como puede ser el reforzado de su estructura para climas más fríos, donde las cargas por nieve o granizo pueden ser un problema (Figura 26).

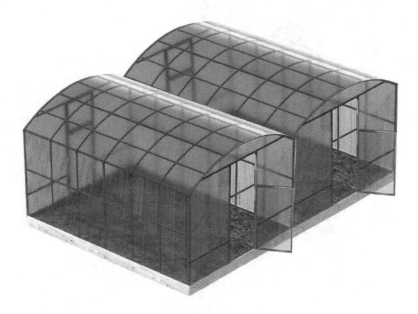

Figura 26. Invernadero doble capilla.
Fuente: Horticultivos. (2017), principales tipos de invernadero.

6. **Invernadero gótico:** Es muy similar al de tipo capilla, diferenciándose en el diseño de los arcos, siendo estos de tipo ojival, lo que permite albergar un mayor volumen de aire, proporcionando un mejor microclima e iluminación interior, está diseñado para que se adapte a todo tipo de cultivos, particularmente a cultivos suspendidos y su construcción está orientada a climas extremos. Son estructuras diseñadas para soportar grandes cargas además de exigir ciertos cuidados y condiciones ambientales para el cultivo. Al ser la cumbrera de tipo gótico, nos permite construir naves más anchas (Figura 27).

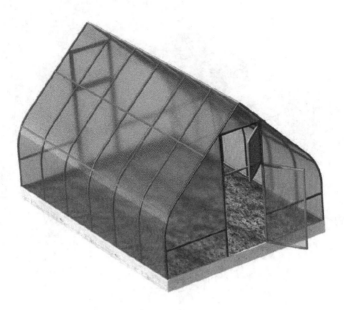

Figura 27. Invernadero gótico.
Fuente: Horticultivos. (2017), principales tipos de invernadero.

7. **Invernadero túnel:** Están especialmente diseñados para pequeñas superficies y principalmente para cultivos pequeños, son de muy baja altura, estos resultan ser invernaderos económicos, su estructura es simple, se caracteriza por la forma de su cubierta y por su estructura totalmente metálica. El empleo de este tipo se está extendiendo por su mayor capacidad para el control de los factores climáticos, su gran resistencia a fuertes vientos y su rapidez de instalación al ser estructuras prefabricadas. Los soportes son de tubos de hierro galvanizado y tienen una separación interior de 5×8 o 3×5 m. La altura máxima de este tipo de invernaderos oscila entre 3.5 y 5 m. En las bandas laterales se adoptan alturas de 2.5 a 4 m. El ancho de estas naves está comprendido entre 6 y 9 m y permiten apoyar varias naves en batería. La ventilación es mediante ventanas cenitales que se abren hacia el exterior del invernadero (Figura 28).

Figura 28. Invernadero túnel.
Fuente: Horticultivos. (2017), principales tipos de invernadero.

2.12.3. CARACTERÍSTICAS DE LOS INVERNADEROS

La agricultura de los invernaderos comúnmente conocida como agricultura protegida se basa principalmente en un sistema de producción mediante diversas estructuras y cubiertas, teniendo como característica básica la protección contra riesgos inherentes cuando se producen cultivos expuestos libremente al aire, la función principal de los invernaderos es la recreación de las condiciones óptimas y apropiadas de radiación, temperatura, humedad y dióxido de carbono, para la generación, reproducción, desarrollo y crecimiento de las plantas, lo cual incrementa la producción en cuanto a la calidad, cantidad y una gran oportunidad de comercializar el producto Castañeda et al. (2007); Bastida (2008); Moreno, et al., 2011. El cristal o plástico trabajan como medio selectivo de la transmisión para diversas frecuencias espectrales, y su efecto consiste en atrapar energía en el invernadero que calienta el ambiente interior. También sirve para evitar la pérdida de calor por convección. Esto puede demostrarse abriendo una ventana pequeña cerca de la azotea de un invernadero, la temperatura cae considerablemente. Este principio es la base del sistema de enfriamiento automático.

2.12.4. TIPOS DE INVERNADEROS UTILIZADOS EN MÉXICO

La agricultura protegida es practicada bajo diferentes tipos de estructuras las cuales contribuyen al cuidado de los cultivos ante los diferentes cambios climáticos, dichas estructuras ofrecen diferentes beneficios para generar diferentes alternativas (Tabla 6) para generar las condiciones ambientales adecuadas que permitan el desarrollo de diferentes cultivos de acuerdo con las diferentes exigencias climáticas, estas estructuras desempeñan un papel fundamental en cuanto al crecimiento del sector agrícola mexicano por lo que es de suma importancia conocerlas (SAGARPA, 2017).

Tabla 6. Invernaderos utilizados en México.

Tipo	Descripción	Tecnología	Aspectos para cultivar
Invernadero	Es una estructura fija la cual permite el control de manera eficiente, los principales factores ambientales que impiden el desarrollo de ciertos cultivos, tales como lluvias e inundaciones, (SAGARPA, 2017)	Estructura metálica, con 21 arcos de Acero galvanizado de 40 mm compuesta por 5 piezas cada arco, a 1.5 m, los cuales van unidos por una barra central, se le pone polietileno de 150 micrones, ventanas laterales con sistema roll up y una puesta corredera, (costa, 2017)	El uso más común de un invernadero es para la producción de cultivos hortícolas, es decir, plantas herbáceas, hortalizas de hoja, raíz, tubérculo o fruto, en la actualidad los cultivos hortícolas que se producen en los invernaderos son: Tomate, pimiento, pepino, fresa, lechugas, coles, coliflor, etc., (Agrícolas, 2015)
Casa o malla sombra	Este regula la cantidad de luz solar que llega a todas las plantas y que protege de las inclemencias del tiempo, así como de los insectos y de los efectos negativos del uso de pesticidas, (SAGARPA, 2017)	Está elaborada con tubos galvanizados, cuenta con alambres reforzados que le dan estabilidad, se caracteriza por estar cubierta de una malla cuya densidad puede ser variable fabricada con monofilamentos entretejidos hechos de polietileno de alta densidad protegidos con UV, (Hidroponia, 2016)	Al igual que los invernaderos, la cosecha de los cultivos que se desarrollan ahí deben ser destinados a los mercados de exportación, entre ellos se encuentra el tomate, pimiento de color, pepinos y flores, (horticultivos, 2016)

Macro túnel o túnel alto	Es de fácil construcción teniendo una forma semicircular y está cubierto por malla sombra o polietileno, también es ideal para la producción de hortalizas y plantas ornamentales, (SAGARPA, 2017)	Es una estructura de acero, muy liviana en forma de túnel que sostiene un plástico especial y que al ir unido con más túneles conforman una nave, las medidas ideales de ancho debe tener 6.60 a 7.20 m, en la altura del centro es de 2.60 a 2.90 m y de largo lo que el cultivo requiera, (Tecnologías, 2018)	En los macro túneles se puede cultivar además del jitomate, ejotes, pepino, calabaza, melón, fresa, cebolla, coliflor, brócoli, (Vázquez, 2015)
Micro túnel, túnel bajo o mini invernadero	Es una estructura pequeña y construida con arcos sobre los que se adhieren cubiertas de plástico, la cual disminuye los efectos perjudiciales de las bajas temperaturas en sus cultivos, (SAGARPA, 2017)	Son de estructuras hechas con varillas arqueadas y cubiertas o forradas con manguera negra, las estructuras se cubren con plástico transparente resistente a la luz ultravioleta, y se asegura su unión con hilos de rafia, (inifap, 2015)	La tecnología de los micro túneles es una excelente alternativa para la producción de nopal y de verdura en invierno, ya que se producen nopales de tamaño uniforme, chile habanero sin daño de plagas, cabe hacer mención que hay diferentes tipos de micro túneles, (inifap, 2015)

Fuente: SAGARPA (2017), principales tipos de invernaderos utilizados en México.

2.12.5. ESTRUCTURAS UTILIZADAS EN LA AGRICULTURA PROTEGIDA

Juárez L. P., et. alt., (2011), mencionan que la agricultura protegida en México es de alrededor de 15,000 ha y en los últimos años se ha presentado un crecimiento anual del 20 y 25 %, los invernaderos constituyen un 44 %, y las mallas sombra un 51 %, de la superficie total, el resto corresponde a macro y micro túneles. De acuerdo con las condiciones ambientales y la capacidad de inversión de los productores los invernaderos se pueden acondicionar con sistemas de calefacción, extractores de aire y sistemas automáticos de riego y fertilizantes, el tipo de cultivo que se desea constituye un factor importante para decidir el empleo de invernaderos, malla sombra, macro túneles o micro túneles.

CAPÍTULO III

MARCO CONTEXTUAL

En este apartado se presentan diferentes elementos en torno al contenido internacional, nacional y regional para tener una visión más amplia del contexto que se está abarcando en cuanto a cultivos, superficies geográficas, unidades producidas en diferentes países y tipos de instalaciones utilizadas para producir bajo condiciones controladas.

3.1. SUPERFICIE EN UN CONTEXTO INTERNACIONAL

Si se considera toda la superficie del globo terrestre, los invernaderos están concentrados en dos áreas geográficas: en el Extremo Oriente (especialmente China, Japón y Corea) se agrupa el 80 % de los invernaderos del mundo y en la cuenca mediterránea cerca de un 15 %, ver figura 29 (COTEC, 2009).

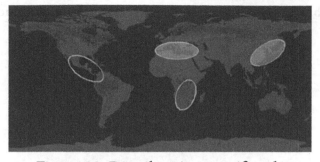

**Figura 29. Distribución geográfica de
los invernaderos en el mundo.**
Fuente: Tomado de COTEC (2009).

Países como India, China y los Emiratos Árabes Unidos han aumentado sus importaciones hortícolas, y Rusia también ha mostrado un crecimiento en el comercio que tras el que estuvo vetado a la entrada de producto comunitario desde el 2014 ahora se provee de Bielorrusia, Marruecos, China y Azerbaiyán, de acuerdo con la publicación de Word Vegetable Map 2018 difundida por la entidad Holandesa Rabobank y que muestra la situación hacia dónde se dirigen este sector, destaca como tendencias mundiales clave en frutas y hortalizas la creciente importancia de la producción en invernaderos y granjas verticales, así como la popularidad de los vegetales ecológicos. Según cálculos, el 70 % de todas las hortalizas cultivadas en el mundo se venden frescas y su producción va en aumento, principalmente fuera de Estados Unidos y la Unión Europea, Rabonback prevé que futuros cambios en el Tratado de Libre Comercio de América del Norte (TLCAN) o en la Unión Europea afectarán negativamente al comercio hortofrutícola, en el que México se convirtió esta última década en el huerto de América del Norte (Tabla 7). En el mercado comunitario, el estudio considera a España y los Países Bajos como exportadores clave de hortalizas dentro de la Unión Europea, mientras que marruecos asegura que se ha convertido en proveedor prometedor de hortalizas para el mercado europeo (Efeagro, 2018).

Tabla 7. Superficie total de invernaderos en el mundo.

Pais	Superficie en hectáreas
China	82,000
España	70,000
Corea del Sur	51,787
Italia	42,800
Turquía	41,384
México	20,000
Marruecos	20,000
Francia	11,500
Isrrael	11,000
Egipto	6,800
Polonia	6,750
Japón	3,600
Rusia	2,931
Canadá	1,565
Estados Unidos	911
Australia	900
Nueva Zelanda	310

Fuente: Efeagro (2018), España es el segundo país del mundo en superficie de invernaderos.

3.1.1. CULTIVOS BAJO CONDICIONES DE INVERNADERO

De acuerdo con cifras del Ministerio de agricultura, pesca y alimentación, los principales cultivos bajo condiciones de invernadero aparecen en la (Tabla 8).

**Tabla 8. Principales cultivos bajo condiciones
de invernadero en España.**

Cultivo	Superficie (hectáreas)	Producción (toneladas)
Tomate	17,938	1,682,441
Pimiento	12,187	798,358
Melón	9,461	315,534
Fresa y fresón	7,541	252,820
Judía verde	6,961	126,739
Pepino	5,676	541,706
Sandía	5,116	335,512
Calabacín	4,452	247,464
Berenjena	1,707	112,952
Lechuga	784	24,986
Otras hortalizas	3,721	-

Fuente: Tomado de COTEC (2009).

En muchos invernaderos se pueden dar de dos a tres cultivos por año, habitualmente combinados en otoño-invierno (tomate, pimiento, entre otros) además en primavera (melón, sandía, entre otros).

3.2. CONTEXTO NACIONAL EN CUANTO A LA PRODUCCIÓN DE HORTALIZAS EN MÉXICO A CIELO ABIERTO Y BAJO CONDICONES DE INVERNADERO

Los terrenos de producción disponibles para la realización de actividades agrícolas bajo condiciones de invernadero en las treinta y dos entidades federativas en México ascienden a 12,530.46 ha (hectáreas) (Tabla 9) encontrándose a Puebla con una superficie en invernaderos de 835.30 hectáreas (INEGI, 2009).

Tabla 9. Información nacional en unidades de producción bajo condiciones de invernadero.

Entidad y municipio	Unidades de producción	Superficie del Invernadero (Hectáreas)	Invernaderos que reporten ventas
Estados Unidos Mexicanos	18127	12,530.46	7857
Aguascalientes	101	93.15	37
Baja California	117	284.15	35
Chiapas	1187	882.91	702
Chihuahua	386	292.55	59
Distrito Federal	509	98.37	432
Durango	206	187.59	34
Guanajuato	540	355.25	183
Guerrero	326	298.65	55
Hidalgo	862	340.65	423
Jalisco	629	765.67	227
México	5034	1868.74	2911
Michoacán de Ocampo	946	860.94	437
Morelos	507	250.53	310
Nayarit	244	164.63	71
Nuevo León	106	95.53	26
Oaxaca	1.074	572.70	277
Puebla	**2309**	**835.30**	**827**
Querétaro	197	118.71	70
San Luis Potosí	233	313.82	62
Sinaloa	351	783.79	49
Sonora	138	773.94	54
Tabasco	104	224.83	8
Tlaxcala	429	308.45	182

Veracruz	795	525.69	234
Zacatecas	395	508.99	67
Otras entidades	402	1009.08	85

Fuente: INEGI. Estados Unidos Mexicanos. Censo Agropecuario 2007, VIll Censo Agrícola, Ganadero y Forestal. Aguascalientes, Ags. 2009.

El subsector hortícola de México es el más dinámico en términos de crecimiento en su producción y en generación de divisas. En promedio del (2000-2009) se obtuvieron 9.74 millones de toneladas de hortalizas anuales en una superficie sembrada de 563.63 miles de hectáreas y con un valor comercial de 36,909.88 millones de pesos anuales. Aportando 19 % del valor de la producción agrícola con solo aportar el 3.8 de la superficie agrícola y el 6 % de la producción, la producción de hortalizas es de las actividades agropecuarias más redituables, ya que la superficie agrícola en México corresponde a 21,710 millones de hectáreas, de las cuales las hortalizas ocupan una superficie de 3.8 % nacional y aportan 21 % del valor total de la producción, los valores anteriores reflejan la importancia que tienen las hortalizas en la economía nacional, el valor de la producción de las hortalizas en México ha tenido un crecimiento dinámico (SAGARPA-SIAP, 2010).

En el 2011 en México los cultivos hortícolas tienen una gran importancia económica y social; estos cultivos a pesar de que se siembran en poca superficie, pues apenas si rebasan las 350 mil hectáreas el cual representa el 3 % de la superficie agrícola nacional, el valor de su producción supera el 25 % del valor generado en el sector agrícola. Los principales cultivos hortícolas son chiles (150,000 ha), papa (62,000 ha) y tomate rojo o jitomate (54,000 ha). Las hortalizas están consideradas como las principales generadoras de empleos en el campo, ya que, el chile, tomate y papa se requieren más de 50 millones de jornales por año, favoreciendo el arraigo de la población rural donde se desarrollan, así mismo las hortalizas son una fuente importante de captación de divisas por concepto de exportación de productos en fresco (Inifap, 2011).

La agricultura protegida en México es aquella que se lleva a cabo bajo métodos de producción que ayudan a controlar en cierto nivel diversos factores del medio ambientales. Lo que minimiza las restricciones ocasionadas por las condiciones climáticas adversas en los cultivos. Las instalaciones, son construidas en estructuras modulares o baterías, que pueden estar en suelos con riego por goteo, usar sistemas hidropónicos o tecnologías aeropónicas, estas técnicas tienen la ventaja de ocupar menos agua y ganar productividad de los invernaderos/casa sombra, a diferencia de los sembradíos con tierra de riego tradicional. Este tipo de tecnologías, se utilizaron a finales de la década de los 90's, para 1980, 300 hectáreas se reportaron con este sistema de producción y para 2008 fueron aproximadamente 9,000 has. En estadísticas recientes, entre 2011 y 2014 SAGARPA reporta alrededor de 23,000 has de agricultura protegida (Tabla 10) y distribuida en 40,000 instalaciones (SAGARPA, 2016).

Tabla 10. Tipos de instalaciones en agricultura protegida en México.

Tipo de instalación	Numero de unidades	Porcentaje (%)	Superficie (ha)	Porcentaje (%)
Invernaderos	25,055	62.67	11,100.25	47.27
Casa sombra	5032	12.59	6366.66	27.11
Macro túneles	5001	12.51	3705.61	15.78
Malla sombra	1362	3.41	1550.33	6.60
Micro túneles	2693	6.74	575.95	2.45
Pabellón	605	1.51	133.34	0.57
Vivero	229	0.57	50.77	0.22
TOTALES	**39,977**	**100.00**	**23,482.92**	**100.00**

Fuente: SAGARPA (2016), Superficie Agrícola protegida.

Mientras sea menor la relación entre el número de instalaciones que emplean superficies cubiertas en hectáreas, mayor es el grado de tecnología que se usa en la instalación, ya que estas, requieren más tecnología para controlar las variables para el crecimiento y productividad de las plantas. En los estados situados al norte, cerca de la frontera de Estados Unidos, cuentan con instalaciones de tecnología media-alta. Tomando en cuenta que la tecnología media-alta cuenta con menos de dos unidades por hectárea, mientras que la tecnología media tiene que ser de 3-5 unidades por (ha) y baja de 5 unidades por (ha) (tabla 11) nos muestra que el 78 % de la agricultura protegida tiene un sistema tecnológico medio-alto, el 16 % mediana y 6 % baja tecnología (SAGARPA, 2016).

Tabla 11. Estados de la República Mexicana con instalaciones de agricultura protegida.

Estado	Número de unidades	Superficie (ha)	Número de unidades/ cubiertas superficie (ha)
Chihuahua	275	1,497.74	0.18
Sinaloa	1,074	4,744.22	0.23
Baja california sur	364	803.2	0.45
Baja California	1,339	2,689.91	0.50
Sonora	724	1,196.43	0.61
Michoacán	870	1,004.06	0.87
Jalisco	3,004	3,310.09	0.91
Coahuila	327	353.99	0.92
Tamaulipas	286	295.19	0.97
Colima	439	425.38	1.03
Guanajuato	811	655.34	1.78
San Luis Potosí	1,129	901.41	1.25
Zacatecas	729	410.54	1.78
Querétaro	573	244.77	2.34
Nuevo león	282	106.64	2.64
Quintana Roo	151	56.48	2.67
Aguascalientes	238	8,7096	2.71

Puebla	**3,021**	**1,071.25**	**2.82**
Campeche	199	69.51	2.86
Veracruz	367	112.38	3.27
Estado de México	5,564	1,517.39	3.67
Morelos	1,038	237.53	4.37
Nayarit	555	121.08	4.58
Durango	365	75.02	4.87
Yucatán	360	67.89	5.30
Guerrero	907	151.28	6.00
Tabasco	89	13.61	6.54
Hidalgo	2,556	272.47	9.38
Oaxaca	4,671	482.91	9.67
Chiapas	3,651	81.05	14.35
Tlaxcala	1,163	81.05	14.35
Distrito Federal	2,856	152.45	18.73
TOTAL	**39,977**	**23,482.92**	**1.70**

Fuente: SAGARPA (2016), Superficie Agrícola protegida.

Los datos vistos con anterioridad respecto a la agricultura protegida en México muestran cierta variación en cuanto a que tecnologías son utilizadas y donde la baja tecnología es del 100% de dependientes que emplean tecnologías sencillas similares a las usadas en el cultivo al aire libre.

De acuerdo con el Atlas Agroalimentario en el 2015, en México existen 25,814 unidades de producción de agricultura protegida, de las cuales 65 % son invernaderos, 10 % son macro túneles, 10 % micro túneles y 15 % son casas sombra, techo sombra o pabellón SIAP (2016).

3.2.1. DESARROLLO DE LOS INVERNADEROS Y LA AGRICULTURA PROTEGIDA

Son varias las técnicas y estructuras que integran la agricultura protegida, el desarrollo de los invernaderos el que ha marcado la pauta de la agriculra protegida mexicana, sirviendo de hilo conductor para el estudio de este sector. Los siguientes datos indican la superficie cubierta que en 1970 inicio con 100 hectáreas de invernaderos, y para el 2016 habían 25,000 hectáreas (Bastida T. A., 2017), (Tabla 12).

Tabla 12. Desarrollo de la agricultura protegida en México.

AÑO	SUPERFICIE (HA)	FUENTE
1970	100.00	SAGARPA, 2010
1980	300.00	AMHPAC, 2008; citado por SAGARPA, 2009
1999	721.00	AMHPAC, 2008; citado
2005	3,214.00	por SAGARPA, 2009
2008	9,948.00	AMHPAC, 2008; citado por SAGARPA, 2009
		AMHPAC, 2008; citado por SAGARPA, 2009
2009	15,000.00	AMHPAC, 2009
2012	20,000.00	SAGARPA, 2012
2013	22,508.53	SAGARPA, citado por AMHPAC, 2013
1015	23,251.00	SIAP/SAGARPA, 2015
2016	25,000.00	SIAP/SAGARPA, 2016

Fuente: SAGARPA (2017), Evolución y Situación Actual de la Agricultura Protegida en México, pp. 287.

Los siguientes datos muestran el panorama internacional, donde México ocupa el séptimo lugar en cuanto a la agricultura protegida a nivel mundial (Tabla 13). Su crecimiento se ha presentado en el sector social, en el que existe todo tipo de experiencia, así como el empresarial el cual está enfocado a la producción y exploración de hortalizas, frutas y flores de corte.

Tabla 13. México y los países con mayor superficie de agricultura protegida.

LUGAR	PAIS	SUPERFICIE	FUENTE
1	China	3,300,000	ESA, 2013
2	Corea del sur	89,541	Ministry of Agriculture, 2012
3	Japón	87,886	MAFF, 2012
4	Turquía	61,776	Turkish Statistical Institute, 2012
5	España	45,200	EuroStat, 2013
6	Italia	38,910	EuroStat, 2013
7	**México**	**25,000**	**SIAP/SAGARPA, 2016**
8	Francia	11,190	EuroStat, 2013
9	Holanda	9,330	EuroStat, 2013
10	Estados Unidos	8,425	US Census Hort Spec, 2010

Fuente: SAGARPA (2017), Evolución y Situación Actual de la Agricultura Protegida en México, pp. 288.

3.3. CONTEXTO REGIONAL DE LA AGRICULTURA PROTEGIDA

El 100 % de los invernaderos de la región según estudios realizados por Ortega et alt., (2014), son de baja tecnología (Tabla 14) los clasificados como A son todos los invernaderos de tipo macro túnel de estructura de madera, dependientes del ambiente exterior con sistema de riego por goteo, los clasificados como B, C, D y E son para clima templado con ventana cenital, de estructura de acero, y riego por goteo. La diferencia en estos radica en el método de cultivo, que puede ser suelo con acolchado plástico, sustrato tezontle y con control climático.

Tabla 14. Clasificación de invernaderos por tipología y componentes en Chignahuapan, Puebla.

Clasificación	Tipo de invernadero	Material de construcción y cubierta	Sistema de producción	Control climático	Kg/m²	%
A	Micro túnel	Madera y plástico	Suelo y acolchado	Nulo	9	6.8
B	Para clima templado con ventana cenital	Acero y plástico	Suelo y acolchado	Nulo	18	31.0
C	Para clima templado con ventana cenital	Acero y plástico	Suelo y acolchado	Calefacción	18	13.7
D	Para clima templado con ventana cenital	Acero y plástico	Sustrato y tezontle	Nulo	19	31
E	Para clima templado con ventana cenital	Acero y plástico	Sustrato y tezontle	Calefacción programador de riego	21	17.2

Fuente: Ortega et alt., (2014), Caracterización y funcionalidad de invernaderos en Chignahuapan Puebla, México.

La producción bajo condiciones de invernadero en el estado de Puebla se presenta en los municipios que enmarca la (Tabla 15) tomando en cuenta los que tienen 25 unidades de producción o más.

Tabla 15. Unidades de producción bajo condiciones de invernadero en Puebla

Municipio	Unidades de producción	Superficie del invernadero (hectáreas)	Invernaderos que reportan ventas
Acatlán	33	33.10	1
Aquixtla	**82**	**70.02**	**52**
Atempan	29	12.08	16
Atlixco	61	27.57	38
Atzala	33	1.07	0
Atzitzintla	34	30.35	4
Coxcatlán	58	3.89	13
Cuetzalan del Progreso	54	3.47	13
Chiautla	33	9.75	1
Chiautzingo	64	35.78	52
Chietla	26	33.57	6
Chignahuapan	**70**	**17.39**	**16**
Guadalupe Victoria	27	0.18	5
Huaquechula	42	8.44	14
Hueyapan	39	6.08	17
Ixtacamaxtitlán	35	2.13	10
Izúcar de Matamoros	54	9.01	13
Quecholac	25	8.31	13
San Salvador el Verde	90	28.25	72
Huehuetlán el Grande	29	0.08	3
Tehuacán	38	6.12	9

Tetela de Ocampo	**83**	**19.91**	**51**
Tlatlauquitepec	42	3.87	8
Vicente Guerrero	29	0.84	5
Xicotepec	31	3.79	23
Zacapoaxtla	27	4.44	14
Zacatlán	**47**	**4.37**	**9**
Zautla	47	0.64	2
Zihuateutla	26	4.25	21
Zoquitlán	29	31.05	2

Fuente: INEGI. Estados Unidos Mexicanos. Censo Agropecuario 2007, Vlll Censo Agrícola, Ganadero y Forestal. Aguascalientes, Ags. 2009.

CAPÍTULO IV

METODOLOGÍA

La metodología se refiere al modelo aplicable que deben necesariamente seguir los métodos de investigación, aun cuando resulten cuestionables (Raffino, 2020).

La metodología se encamina a examinar, valorar, refutar o corroborar la eficacia de los métodos en los diversos campos del conocimiento (Aguilera, 2013).

En este apartado se presentan los elementos que en su conjunto comprenden el proceso de investigación, desde el lugar donde se realiza la investigación asta llegar al análisis de los resultados finales del proyecto de investigación.

4.1. INVESTIGACIÓN

Todo proyecto de investigación incluye el tipo o tipos, las técnicas y los procedimientos que serán utilizados para llevar a cabo la indagación. Iniciando con el "cómo" se realizará el estudio para responder al problema planteado.

La palabra metodología tiene su origen en el idioma griego y se refiere al modelo aplicable que deben necesariamente seguir los métodos de investigación aún cuando resulten cuestionables. Es la teoría normativa, descriptiva y comparativa acerca del método o conjunto de ellos, sumado al proceder del investigador (Enciclopedia Online, 2019).

La investigación es un conjunto de procesos sistemáticos críticos y empíricos que se aplican al estudio de un fenómeno o problema dado. A lo largo de la historia de la ciencia han surgido diversas corrientes de pensamiento (como el empirismo, el materialismo dialéctico el positivismo, la fenomenología, el estructuralismo) y diversos marcos interpretativos, como el realismo y el constructivismo quienes han abierto diferentes rutas en la búsqueda del conocimiento. Sin embargo, y debido a las diferentes premisas que las sustentan, desde el siglo pasado tales corrientes se han polarizado en dos aproximaciones principales de la investigación: el enfoque cualitativo y el enfoque cuantitativo. Ambos enfoques procesos cuidadosos, metódicos y empíricos en su esfuerzo para generar conocimiento, por lo que la definición previa de investigación se aplica a los dos por igual (Hernández, Fernándes, & Baptista, 2014).

Como una herramienta insustituible para el científico, los diseños de investigación permiten planear los procedimientos para lograr el máximo control y manipulación de las variables tendientes a la repetición y predicción de los eventos, lo cual permitirá expresar claramente la redacción causa-efecto entre los fenómenos (Landero & González, 2011).

4.2. PROCESO PARA EL DESARROLLO DE LA INVESTIGACIÓN

Para desarrollar la investigación se consideró un proceso secuencial (Figura 30) compuesto por una serie de actividades para generalizar todos los resultados encontrados de la muestra.

Figura 30 Elementos de la investigación.
Fuente: Elaboración propia de la investigación, 2020.

4.3. LUGAR DONDE SE DESARROLLA EL PROYECTO (UNIDAD DE ANÁLISIS)

La investigación se realizó en la Sierra Norte del Estado de Puebla, en Zacatlán de las manzanas, es un municipio localizado en el Estado de Puebla, México, es reconocido con el nombre de Zacatlán de las Manzanas, por ser uno de los principales centros productores de manzana. Su coordenada geográfica se encuentra entre el paralelo 19° 39' 42" y 98° 18' 06" longitud oeste, el clima corresponde a ser templado subhúmedo con una temperatura media anual que se encuentra en 12 y 18° teniendo una temperatura mínima que varía entre -3° C y 18° C teniendo una temperatura máxima de 22° C, la precipitación anual total tiene una variación de 600 a 1000 mm, el porcentaje de lluvia invernal es menor del 5 %, y una altitud promedio de 2,260 m (INEGI, 2014).

El clima de la Sierra Norte del Estado de Puebla y principalmente en Zacatlán es muy diferente de acuerdo con la zona donde se encuentre uno, en el extremo suroeste se cuenta con el clima templado subhúmedo con lluvias en verano y registrando una temperatura media anual de

12 y 18°C, en la franja latitudinal que cruza el centro del municipio, presenta clima templado húmedo con abundantes lluvias en verano y una temperatura media anual entre 12 y 18°C, y al Norte del municipio se presenta un clima semicálido subhúmedo con lluvias durante todo el año y una temperatura media de 18°C, el clima tan variado de la zona de Zacatlán es propio para la existencia de grandes extensiones de bosque al centro, norte, este y extremo oeste (Vida, 2019).

De acuerdo al último censo, realizado por el Instituto Nacional de Estadística y Geografía en 2010, en el municipio hay 65998 personas con una edad igual o superior a seis años de los cuales 26915 poseen estudios de primaria, equivalentes a aproximadamente el 40 % del total. La población mayor de edad con un grado de educación profesional es de 5,500 habitantes, mientras que la población con un posgrado es de 445 habitantes. La taza de alfabetización dentro del municipio es de 98.2 %, siendo ligeramente superior al promedio del estado, que es de 97.2 % (INEGI, Censo nacional de población y vivienda, 2010).

La localidad de estudio se localiza en la Sierra Norte del Estado de Puebla, colinda al Norte con Chiconcuautla y Huauchinango, al Sur con Aquixtla y Chignahuapan, al Oeste con Ahuacatlán, Tepetzintla y Tetela de Ocampo y al Poniente con Ahuazotepec y el estado de Hidalgo, su extensión territorial es de 512.82 km cuadrados, ubicándolo en el séptimo lugar de los municipios del estado, ver (Figura 31) (Vida, 2019).

Figura 31 Zacatlán
Fuente: Elaboración propia de la investigación, 2020.

En 2010, 47,099 individuos equivalente al 69% del total de la población se encontraban en pobreza, de los cuales 35,456 equivalente al 52% presentaban pobreza extrema y 11,643 equivalente al 17.1% estaban en pobreza extrema (CONEVAL, 2010).

El inicio de la agricultura protegida dio inicio a más de una década, lo cual se ha multiplicado en la zona de estudio (Figura 32).

Figura 32 invernaderos en Zacatlán
Fuente: Elaboración propia de la investigación,2020.

Las vías de comunicación que permiten llegar a la Sierra Norte de Puebla en Zacatlán de las manzanas pueden ser:

- Puebla – Tlaxcala – Tlaxco – Chignahuapan – Zacatlán
- Ciudad de México – Apizaco – Tlaxco – Chignahuapan – Zacatlán
- Tétela de Ocampo – Chignahuapan – Zacatlán
- Calpulalpan – Apizaco – Tlaxco – Chignahuapan – Zacatlán
- San José Chiapa – Tlaxco – Chignahuapan - Zacatlán

Para desarrollar esta investigación se analiza la producción que se cultiva en los invernaderos de la Sierra Norte de Puebla para obtener información relevante de los productores debido a que ellos son quienes pueden dar la principal evidencia tanto de la utilización de los recursos con los que disponen, así como de las operaciones y condiciones de operación de los invernaderos.

4.4. PREGUNTAS DE INVESTIGACIÓN

En la actualidad se práctica una variedad muy amplia de ambientes que día con día se van modificando, lo cual es conocido como agro ecosistemas los cuales evolucionas en cuanto a sus diferentes sistemas de producción, dentro de los cuales destacan un sin número de estructuras que utilizan para la protección de las plantas como son los invernaderos utilizando sistemas hidropónicos los cuales representan uno de los más elevados ecosistemas que se crearon para el desarrollo de la agricultura protegida, cabe mencionar que la producción del sector agrícola mexicano se caracteriza por una baja productividad y poca capacitación de los productores, acceso limitado al financiamiento y un inadecuado aprovechamiento de la infraestructura, dentro de todo este contexto se realizaron las siguientes preguntas de investigación:

¿Qué modelo estratégico sería funcional para producir Stevia bajo condiciones de invernadero?

¿De qué forma el modelo estratégico contribuye y permite tener una visión más amplia que lleve a los productores a la generación del conocimiento?

4.5. DETERMINACIÓN DEL TAMAÑO DE MUESTRA

Para Hernández, Fernándes, & Baptista (2014), la muestra es un subgrupo de la población, siendo un subconjunto de elementos que pertenecen a ese conjunto definido en sus características al que llamamos población. El tipo de muestreo utilizado en esta investigación es el probabilístico porque cada elemento de la población tiene la misma probabilidad para ser seleccionado en la muestra.

Con relación a la población objetivo se consideró al conjunto de productores/ propietarios de los distintos invernaderos, quienes son las personas que cuentan con los conocimientos respecto a cada una de las actividades y/o trabajos que se desempeñan en los ismos. Para poder determinar la muestra se acudió a la oficina de Desarrollo Rural en Tetela de Ocampo, Aquixtla, Chignahuapan y Zacatlán, se consideraron los datos del padrón de invernaderos registrados a partir del 2011, en Tetela de Ocampo 80 productores, Aquixtla 52, Chignahuapan 31, Zacatlán 9, haciendo un total de 172 productores.

Para el cálculo del tamaño de muestra, se utilizó la fórmula para poblaciones finitas, con un nivel de confianza del 95 %, mediante la siguiente fórmula (Galaviz, Moreno, Cavazos, De La Rosa, & Sánchez, 2013).

$$n = \frac{Z^2\,pq\,N}{Ne^2 + Z^2\,pq}$$

Donde:

Z= Nivel de confianza	(95% de confiabilidad) = 1.96
N= Universo o población	172 productores
p= Probabilidad a favor	70%
q= Probabilidad en contra	30%
e= Error de estimación	5%
n= Tamaño de la muestra	?

$$n = \frac{(1.96)^2(0.70)(0.30)(172)}{(172)(0.05)^2 + (1.96)^2(0.70)(0.30)} = 112$$

El tamaño resultante a muestrear fue de 112 productores de la Sierra Norte de Puebla

Se calculó el tamaño de muestra por localidad de acuerdo al sector primario, utilizando un nivel de confianza del 95 % (Tabla 16).

Tabla 16 tamaño de muestra por localidad

Sector	Nivel de confianza	Error	Lugar	N (Población)	n (Encuestas)
Primario	95%	5%	Tetela de Ocampo	80	65
			Aquixtla	52	45
			Chignahuapan	31	28
			Zacatlán	9	9
			TOTAL=	**172**	

Fuente: Elaboración propia de la investigación, 2020.

4.6. DISEÑO DE LA INVESTIGACIÓN

La investigación es de tipo no experimental porque se está más cerca de las variables planteadas como reales y se tiene mayor validez externa, este tipo de variable se utiliza porque se realiza sin la manipulación deliberada de la misma y en los que solo se observan los fenómenos en su ambiente natural para después analizarlos. Tiene un enfoque transaccional – descriptivo, ya que su objetivo es indagar la incidencia de las modalidades o niveles de una o más variables de una población (Hernández, Fernándes, & Baptista, 2014).

En este apartado se establecieron ciertos medios con los cuales se obtiene información relacionada con la unidad de análisis. La recolección de los datos conduce a la elaboración de un plan detallado que nos conduzca a reunir datos para esta investigación donde se empleó la encuesta.

Se diseñó la encuesta mediante el uso de un cuestionario, el cual consta de 36 preguntas con cinco opciones de respuesta (ANEXO 1). Esto con el fin de identificar ciertas actividades de primer orden, así como de apoyo que desarrollan los productores bajo condiciones de invernadero en la Sierra Norte del Estado de Puebla con el fin de verificar si es posible que en lugar de producir hortalizas produzcan Stevia.

4.7. VALIDEZ Y CONFIABILIDAD DEL INSTRUMENTO DE MEDICIÓN

El instrumento de medición consta de 36 ítems divididos en diferentes variables de estudio, cabe hacer mención que se utilizó en la mayor parte del instrumento la escala Likert, Qing, (2013), menciona que la escala Likert es comúnmente usada como una escala Psicométrica estándar para medir respuestas, esta escala de medición cuenta con un procedimiento que facilita la construcción y a su vez administra un cuestionario, así como codificación y análisis de toda la información recabada.

Dichas variables utilizadas en el instrumento de medición son las siguientes:

1. Variable planeación.
2. Variable estrategia.
3. Variable producción.
4. Variable ventas y mercadeo.
5. Variable recursos humanos.
6. Variable conocimiento de producción de la Stevia.
7. Variable costo.
8. Variable Beneficio
9. Variable capacitación.

El instrumento de medición sirve para tener un diagnostico por pregunta y ver la situación en la que se encuentran los diferentes productores mencionados con anterioridad.

Validez

La validez se caracteriza como la medida en que una escala o conjunto de medidas representa con precisión el concepto de interés. Puesto que se trata de un concepto amplio el estudio requiere de la evaluación de tres aspectos básicos: la validez de contenido, la validez del criterio y la validez del constructo (Hernández, Fernándes, & Baptista, 2014).

De contenido

De acuerdo a la literatura científica Hernández, Fernándes, & Baptista, (2014), mencionan que la validez del contenido depende del grado en que una medición empírica refleja un dominio de contenido específico. En el sentido estricto, la importancia de contenido proporciona una base sólida para la construcción de un punto de vista metodológico y una evaluación rigurosa de la validez de un instrumento.

De criterio

Se establece al comparar sus resultados con los de algún criterio externo que pretende medir lo mismo, es decir que también una prueba estima el desempeño, (Hernández, Fernándes, & Baptista, 2014)

De constructo

Es la validez más importante, sobre todo desde una perspectiva científica refiriéndose a qué tan bien un instrumento representa y mide un concepto teórico. A esta validez le concierne en particular el significado del instrumento, es decir qué está midiendo y cómo opera para medirlo, el proceso de validación de un constructo está vinculado con la teoría.

Para determinar el grado de confiabilidad del constructo se revisó por una persona experta en instrumentos de medición y se determinó el grado de confiabilidad mediante el Alfa de Cronbach con el 100% de las encuestas, Hernández, Fernández, & Baptista, (2014), mencionan que la validez de un instrumento de medición se evalúa sobre la base de todos los tipos de evidencia. La evaluación de la fiabilidad está basada según, Ketkar, N., & Verville, (2012), en el cálculo de coeficientes, como es el coeficiente alfa de Cronbach.

George & Mallery, (2003), mencionan como un criterio muy general las recomendaciones siguientes para evaluar los coeficientes de alfa de Cronbach:

- Coeficiente alfa >0.9 es excelente.
- Coeficiente alfa entre 0.8 y 0.9 es bueno.
- Coeficiente alfa entre 0.7 y 0.8 es aceptable.
- Coeficiente alfa entre 0.6 y 0.7 es cuestionable.
- Coeficiente alfa entre 0.5 y 0.6 es pobre.
- Coeficiente alfa <0.5 es inaceptable.

De acuerdo con el cálculo del tamaño de muestra a muestrear se validó la confiabilidad del instrumento de medición con 112 productores y mediante una matriz de resultados, dando como resultado 0.864 lo cual quiere decir que el instrumento de medición es bueno (Tabla 17).

Tabla 17 Estadística de fiabilidad

Estadísticas de fiabilidad	
Alfa de Cronbach	No. de elementos
.864	36

Fuente: Elaboración propia de la investigación, 2020.

La estadística de fiabilidad se usa como una medida de consistencia interna o confiabilidad de un instrumento. En otras palabras, mide qué tan bien un conjunto de variables o elementos miden un aspecto latente único y unidimensional de los individuos, el valor de (α) puede estar entre el infinito negativo y 1. Sin embargo, solo los valores positivos de α tienen sentido, generalmente, el coeficiente de alfa varía en valor de 0 a 1 y se puede usar para describir la confiabilidad de los factores (Explorable, 2019).

En la (Tabla 18) se presentan las variables e indicadores a medir relacionadas con las actividades que realizan los productores para el cultivo de hortalizas bajo condiciones de invernadero.

Tabla 18 Variables e indicadores

Variables	Indicadores
Planeación	Planeación de la organización
	Aportación de ideas
	Trabajo con modelo de planeación
	Planeación del trabajo
Estrategia	Estrategia para las actividades
	La estrategia la conocen todos
	Los empleados participan en su elaboración
	Modelo estratégico de trabajo
Producción	Variedad de jitomate
	Superficie de siembra
	Volumen de producción por cosecha
	Cosechas por año
	Germinación de plántula de jitomate
	En lugar de jitomate producir otra verdura o planta
Ventas y mercadeo	Quien pone el precio
	Mercado al que se destina el producto
	Temporadas altas y bajas en las ventas
	Factores que generan satisfacción al cliente
Recursos humanos	Institución que los capacita
	Higiene, salud y seguridad
	Trabajo con mayor mano de obra

Conocimiento de producción de Stevia	Conocimiento de la Stevia
	Producir Stevia
	La Stevia es un buen producto para producir
	La Stevia casi no se produce en México
	Germinado de Stevia
	Es fácil producir Stevia
Costo	Costo de la semilla de Stevia
	La semilla de Stevia en muy costosa
	Producción de Stevia en invernadero
Beneficio	La Stevia es benéfica para la salud
	La Stevia es benéfica para los diabéticos
	Con la Stevia se puede cocinar u hornear
Capacitación	Recibir capacitación para producir Stevia
	Es necesaria la capacitación
	Con la capacitación se mejora la producción

Fuente: Elaboración propia de la investigación, 2020.

4.8. ANÁLISIS DE RESULTADOS DEL INSTRUMENTO DE MEDICIÓN POR VARIABLE

Una vez validada la confiabilidad del instrumento de medición se procedió a realizar el análisis correspondiente, mediante la utilización del SPSS (Statistical Package for Social Siences), con el fin de obtener datos estadísticos utilizando la estadística descriptiva e inferencial y explicar los resultados obtenidos; en la (Tabla 19) se presenta un desglose de los resultados obtenidos mediante la utilización de diferentes variables de interés las cuales muestran un acercamiento tanto de cómo se encuentran en la Sierra Norte cómo de que es lo que las personas necesitan para trabajar adecuadamente, uno de los resultados más importantes que presenta la tabla es que los productores están de acuerdo en implementar un modelo de planeación para producir Stevia bajo condiciones de invernadero, así mismo es necesario enseñarles cómo se realiza todo el proceso, partiendo de la germinación hasta el producto final.

Tabla 19 Análisis por variable aplicada a productores de invernaderos

VARIABLE	Indicadores	Respuesta	(1) Totalmente en desacuerdo	(2) En desacuerdo	(3) Indiferente	(4) De acuerdo	(5) Totalmente de Acuerdo	Porcentaje de respuesta (%)	Conclusión final de la variable
PLANEACIÓN (A)	1.- Planeación a futuro de la organización.	Respuesta	22	62	11	16	0		Los resultados muestran que no hay una planeación a futuro de la organización, así mismo no existe participación alguna aportando ideas para trabajar con un modelo de planeación a seguir y el trabajo no se planea adecuadamente como se debe.
		% de Respuesta	19.6	56.3	9.8	14.3	0	100	
	2.- Participación en la Planeación de la empresa aportando ideas.	Respuesta	24	63	9	14	5		
		% de Respuesta	21.4	56.3	8.0	12.5	1.8	100	
	3.- Trabajo con Modelo de planeación.	Respuesta	22	63	9	18	0		
		% de Respuesta	19.6	56.3	8.0	16.1	0	100	
	4.- Planeación del trabajo.	Respuesta	20	63	13	16	0		
		% de Respuesta	17.9	56.3	11.6	14.3	0	100	

							Descripción
(B) ESTRATEGIA							
5.- Estrategia para llevar a cabo sus actividades.		10	52	24	26	0	De acuerdo a los resultados de la variable, no existe una estrategia para llevar a cabo sus actividades, por tal motivo el empleado no conoce alguna estrategia para llevar a cabo su trabajo, cabe resaltar que los empleados no participan en aportar información para plantear una estrategia de trabajo, por tal motivo no existe un modelo estratégico de trabajo en los invernaderos.
	% de Respuesta	8.9	46.4	21.4	23.2	0	100
6.- La estrategia es conocida por todos.		12	52	24	24	0	
	% de Respuesta	10.7	46.4	21.4	21.4	0	100
7.- Los empleados participan en la elaboración de la estrategia.		10	54	26	22	0	
8.- Modelo estratégico de trabajo.	% de Respuesta	8.9	48.2	23.2	19.6	0	100

		Ramses F1	CID F1	SUN7705	V305F1	Reserva F1		Observaciones
9.- Variedad de jitomate.		0	10	18	12	72	100	Los resultados mostraron que la variedad de jitomate que se produce en los invernaderos es el Saladette Reserva f1 (V81) de más variedades comerciales que se les presentaron, la mayoría siembra una superficie de 2001 a 3000 m², lo que trae consigo que produzcan de 21 a 40 toneladas por cosecha, teniendo dos cosechas por año, se observa en los resultados que están de acuerdo en el germinado de su propia plántula, cabe resaltar que los productores están de acuerdo en producir otra planta o verdura.
	% de Respuesta	0	8.9	16.1	10.7	64.3		
10.- Superficie de siembra.		>5501 m²	4501-5500 m²	3001-4500 m²	2001-3000 m²	500-2000 m²	100	
		0	0	32	59	21		
	% de Respuesta	0	0	28.6	52.7	18.8		
11.- Volumen de producción por cosecha.		>61 ton	51 a 60 ton	41 a 50 ton	21 a 40 ton	5 a 20 ton	100	
		0	12	35	53	12		
	% de Respuesta	0	10.7	31.3	47.3	10.7		
12.- Cosechas por año.		Una	Dos	Tres	Cuatro	Cinco	100	
		23	89	0	0	0		
	% de Respuesta	20.5	79.5	0	0	0		
13.- Germinación de plántula.		0	0	2	93	14	100	
	% de Respuesta	0	0	1.8	83	15.2		
14.- Producir otra verdura o planta.		0	10	31	69	2	100	
	% de Respuesta	0	8.9	27.7	61.6	1.8		

PRODUCCIÓN (C)

(D) VENTAS Y MERCADEO

15.- Quien pone el precio.	Órgano Oficial	Comprador	Vendedor	Negocian	La compet.	
	3	7	11	80	11	100
% de Respuesta	2.7	6.3	9.8	71.4	9.8	

16.- Mercado al que se destina el producto.	Procesadoras	Consum. final	Mercado local	Mayoristas	Nacional	
	3	2	0	56	51	100
% de Respuesta	2.7	1.8	0	50	45.5	

17.- Las ventas tienen altas y bajas.						
	5	0	3	30	77	100
% de Respuesta	4.5	0	0	26.8	68.8	

18.- Factores para generar satisfacción al cliente.	Conocimiento	Satisfacción	El valor	El servicio	La calidad	
	3	0	2	2	105	100
% de Respuesta	2.7	0	1.8	1.8	93.8	

Los resultados muestran que el precio es negociado entre el comprador y el vendedor, así mismo el mercado al que se destina el producto es a los mayoristas, así como para el mercado nacional, se resalta también que efectivamente el mercado presenta altas y bajas, también se indica que para satisfacer al cliente se deberá tener calidad en el producto.

(E) RECURSOS HUMANOS								
19.- Institución que les brinda capacitación.	% de Respuesta	Autodidacta 95 84.8	Asesores tec. 13 11.6	Inst. educ. 0 0	INIFAP 0 0	SAGARPA 4 3.6	100 100	Los resultados con respecto a esta variable indican que no se recibe capacitación de algún organismo gubernamental, el aprendizaje es autodidacta, cabe resaltar que mediante información que se obtiene de diferentes fuentes se ha implementado la higiene, salud y seguridad de los trabajadores, así mismo se observó que el mayor uso de mano de obra es utilizado en la poda.
20.- Implementación de la higiene, salud y seguridad de los trabajadores.	% de Respuesta	Cursos 2 1.8	Mant. a equipo 4 3.6	Información 50 44.6	Botiquín 12 10.7	Equipo de prot. 44 39.3	100 100	
21.-Trabajo con mayor uso de mano de obra	% de Respuesta	Cosecha 2 1.8	Germinado 0 0	Poda 103 92	Tutorado 4 3.6	Trasplante 3 2.7	100 100	

(F) CONOCIMIENTO DE PRODUCCIÓN DE STEVIA							
22.- Conocimiento de la Stevia.		10	8	71	23	0	100
	% de Respuesta	8.9	7.1	63.4	20.5	0	100
23.- Producción de Stevia.		2	8	84	16	2	100
	% de Respuesta	1.8	7.1	75	14.3	1.8	100
24.- La Stevia es un buen producto para producir.		2	10	80	18	2	100
	% de Respuesta	1.8	8.9	71.4	16.1	1.8	100
25.- La Stevia casi no se produce en México.		2	6	82	18	4	100
	% de Respuesta	1.8	5.4	73.2	16.1	3.6	100
26.- El Germinado de Stevia es fácil.		4	10	88	10	0	100
	% de Respuesta	3.6	8.9	78.6	8.9	0	100
27.- Facilidad para producir Stevia.		2	8	89	13	0	100
	% de Respuesta	1.8	7.1	79.5	11.6	0	100

Los resultados muestran que muy pocos conocen la Stevia, por lo que están de acuerdo en producirla en sus invernaderos, así mismo los productores consideran que sería un buen producto, por lo que también están de acuerdo en que la Stevia no se produce en México, los productores consideran que el germinado para ellos es un poco complicado, más sin embargo consideran que es fácil producirla siempre y cuando se le indique o asesore.

Categoría	Variable						Total	Descripción
COSTO (G)	28.- Conocimiento del costo de semilla Stevia.		0	96	16	0	100	La variable indica que las personas desconocen cuánto cuesta la semilla de Stevia pero piensan que sí es cara, por lo que sí la semilla estuviera económica los productores estarían de acuerdo en producirla en sus invernaderos
		% de Respuesta	0	58.7	14.3	0	100	
	29.- La semilla es costosa.		0	12	96	0	100	
		% de Respuesta	0	10.7	85.7	0	100	
	30.- Si el costo es económico la produciría.		0	4	100	4	100	
		% de Respuesta	0	3.6	89.3	3.6	100	
BENEFICIO (H)	31.- La planta de Stevia es benéfica para la salud.		0	4	73	6	100	Los resultados muestran que los productores están de acuerdo que la planta de Stevia es benéfica para la salud de las personas y principalmente para los que padecen de diabetes, así mismo consideran que se puede utilizar para cocinar u hornear.
		% de Respuesta	0	3.6	65.2	5.4	100	
	32.- La Stevia beneficia a los diabéticos.		0	2	67	4	100	
		% de Respuesta	0	1.8	59.8	3.6	100	
	33.- La Stevia se utiliza para cocinar u hornear.		0	2	84	6	100	
		% de Respuesta	0	1.8	75	5.4	100	

CAPACITACIÓN (1)								
34.- Capacitación para producir Stevia en invernadero.		0	9	20	77	6	100	Esa variable mostró que los productores si están de acuerdo en recibir capacitación para producir Stevia en sus Invernaderos, así mismo consideran que la capacitación es muy importante para la mejora de sus procesos productivos.
	% de Respuesta	0	8.0	17.9	68.8	5.4	100	
35.- Es necesaria la capacitación		0	5	14	85	8	100	
	% de Respuesta	0	4.5	12.5	75.9	7.1	100	
36.- Con la capacitación se mejoran los sistemas de producción		0	5	16	85	6	100	
	% de Respuesta	0	4.5	14.3	75.9	5.4		

Fuente: Elaboración propia de la investigación, 2020.

CAPÍTULO V

RESULTADOS DEL INSTRUMENTO DE MEDICIÓN

En este apartado se valida la confiabilidad del instrumento de medición, así como cada una de las variables de interés del mismo, el cual se aplicó para tener un primer acercamiento a la investigación y de esta manera visualizar en qué situaciones se encuentran los productores de la región de la Sierra Norte de Puebla, una vez aplicado se realizó un concentrado de la frecuencia de respuestas y porcentaje de respuesta para verificar los primeros resultados y aplicar una prueba de hipótesis por cada variable con el fin de determinar la situación por la que se estaba pasando.

5.1. RESULTADOS OBTENIDOS

La estadística de fiabilidad se usa como una medida de consistencia interna o confiabilidad de un instrumento. En otras palabras, mide qué tan bien un conjunto de variables o elementos miden un aspecto latente único y unidimensional de los individuos, el valor de (α) puede estar entre el infinito negativo y 1. Sin embargo, solo los valores positivos de α tienen sentido, generalmente, el coeficiente de alfa varía en valor de 0 a 1 y se puede usar para describir la confiabilidad de los factores (Explorable, 2019)

5.2. VALIDACIÓN DE CADA UNA DE LAS VARIABLES DE ESTUDIO MEDIANTE EL COEFICIENTE DE CORRELACIÓN DE PEARSON

El Coeficiente de Correlación de Pearson es una prueba estadística la cual analiza la relación entre dos variables medidas en un nivel por intervalos o de razón. También se conoce como "coeficiente producto momento". Se calcula a partir de las puntuaciones obtenidas en una muestra en dos variables (Tabla 20) (Hernández, Fernández, & Baptista, 2014).

Tabla 20 Coeficiente de correlación	
Puntuación	**Correlación**
-0.90	Correlación negativa muy fuerte
-0.75	Correlación negativa considerable
-0.50	Correlación negativa media
-0.25	Correlación negativa débil
-0.10	Correlación negativa muy débil
0.00	No existe correlación alguna entre las variables
+0.10	Correlación positiva muy débil
+0.25	Correlación positiva débil
+0.50	Correlación positiva media
+0.75	Correlación positiva considerable
+0.90	Correlación positiva muy fuerte
+1.00	Correlación positiva perfecta

Fuente: Hernández Sampieri Roberto, Fernández Colado Carlos, Baptista Lucio Pilar (2014), Metodología de la investigación, EDITORIAL Mc Graw Hill, p.305.

5.2.1. VARIABLE PLANEACIÓN

En la (Tabla 21) se observa un (α) de 0.988 lo cual significa que la variable es excelente.

Tabla 21 Estadística de fiabilidad

Alfa de Cronbach	Alfa de Cronbach basada en elementos estandarizados	No. de elementos
.988	.988	4

Fuente: Elaboración propia de la investigación, 2020.

La (Tabla 22) muestra la matriz de correlación entre los elementos de la variable lo cual representa una correlación perfecta, lo cual significa que es fuerte con respecto a las preguntas planteadas en las variables correspondientes.

De acuerdo con K.Malhotra (2008), menciona que la correlación producto-momento o simple es una medida de asociación que describe la relación lineal entre dos variables.

Tabla 22 Matriz de correlación entre elementos

¿Existe una planeación a futuro de tu organización?	¿Participas en la planeación de tu empresa aportando ideas?	¿Trabajas con un modelo de planeación?	¿Planeas tu trabajo?

¿Existe una planeación a futuro de tu organización?	1.000	.951	.990	.979
¿Participas en la planeación de tu empresa aportando ideas?	.951	1.000	.902	.932
¿Trabajas con un modelo de planeación?	.990	.902	1.000	.969
¿Planeas tu trabajo?	.979	.932	.969	1.000

Fuente: Elaboración propia de la investigación, 2020.

5.2.2. VARIABLE ESTRATEGIA

En la (Tabla 23) se observa un (α) de 0.983 lo cual significa que la variable es excelente.

Tabla 23 Estadística de fiabilidad

Alfa de Cronbach	Alfa de Cronbach basada en elementos estandarizados	No. de elementos
.983	.983	4

Fuente: Elaboración propia de la investigación, 2020.

La (Tabla 24) muestra la matriz de correlaciones entre los elementos de la variable planteados lo cual representa tanto una correlación perfecta como una correlación fuerte con respecto a las preguntas planteadas en la variable correspondiente.

Tabla 24 Matriz de correlación entre elementos

	¿Cuenta con alguna estrategia para llevar a cabo sus actividades?	¿La estrategia es conocida por todos?	¿Al elaborar la estrategia los empleados participan en su elaboración?	¿Existe un modelo estratégico de trabajo?
¿Cuenta con alguna estrategia para llevar a cabo sus actividades?	1.000	.911	.950	.990
¿La estrategia es conocida por todos?	.911	1.000	.855	.960
¿Al elaborar la estrategia los empleados participan en su elaboración?	.950	.855	1.000	.937
¿Existe un modelo estratégico de trabajo?	.990	.960	.937	1.000

Fuente: Elaboración propia de la investigación, 2020.

5.2.3. VARIABLE PRODUCCIÓN

En la (Tabla 25) se observa un (α) de 0.991 lo cual significa que la variable es excelente.

Tabla 25 Estadística de fiabilidad

Alfa de Cronbach	Alfa de Cronbach basada en elementos estandarizados	No. de elementos
.991	.992	6

Fuente: Elaboración propia de la investigación, 2020.

La (Tabla 26) muestra la matriz de correlaciones entre los elementos de la variable planteados lo cual muestra tanto una correlación perfecta como una correlación fuerte con respecto a las preguntas planteadas en la variable correspondiente.

Tabla 26 Matriz de correlación entre elementos

	¿Qué variedad de jitomate es el que produce?	¿Qué superficie es la que siembra?	¿Cuál es el volumen de producción por cosecha?	¿Cuántas cosechas tiene por año?	¿Qué tan de acuerdo está en producir (germinar) tu propia plántula de jitomate?	¿En algún momento ha pensado en lugar de producir jitomate producir otra verdura o planta?
¿Qué variedad de jitomate es el que produce?	1.000	.951	.990	.979	.951	.990
¿Qué superficie es la que siembra?	.951	1.000	.902	.932	1.000	.902
¿Cuál es el volumen de producción por cosecha?	.990	.902	1.000	.969	.902	1.000
¿Cuántas cosechas tiene por año?	.979	.932	.969	1.000	.932	.969
¿Qué tan de acuerdo está en producir (germinar) tu propia plántula de jitomate?	.951	1.000	.902	.932	1.000	.902

| ¿En algún momento ha pensado en lugar de producir jitomate producir otra verdura o planta? | .990 | .902 | 1.000 | .969 | .902 | 1.000 |

Fuente: Elaboración propia de la investigación, 2020.

5.2.4. VARIABLE VENTAS Y MERCADEO

En la (Tabla 27) se observa un (α) de 0.929 lo cual significa que la variable es excelente.

Tabla 27 Estadística de fiabilidad

Alfa de Cronbach	Alfa de Cronbach basada en elementos estandarizados	No. de elementos
.929	.930	4

Fuente: Elaboración propia de la investigación, 2020.

La (Tabla 28) muestra la matriz de correlaciones entre los elementos de la variable planteados lo cual muestra tanto una correlación fuerte como una correlación perfecta con respecto a las preguntas planteadas en la variable correspondiente.

Tabla 28 Matriz de correlación entre elementos

	¿Quién pone el precio?	¿Cuál es el mercado al que se destina el producto?	¿Qué tan de acuerdo está en que las ventas tienen temporadas altas y bajas?	¿Cuáles son los factores más importantes para generar satisfacción en el cliente?
¿Quién pone el precio?	1.000	.863	.854	1.000
¿Cuál es el mercado al que se destina el producto?	.863	1.000	.969	.863
¿Qué tan de acuerdo está en que las ventas tienen temporadas altas y bajas?	.854	.969	1.000	.854
¿Cuáles son los factores más importantes para generar satisfacción en el cliente?	1.000	.863	.854	1.000

Fuente: Elaboración propia de la investigación, 2020.

5.2.5. VARIABLE RECURSOS HUMANOS

En la (Tabla 29) se observa un (α) de 0.981 lo cual significa que la variable es excelente.

Tabla 29 Estadística de fiabilidad

Alfa de Cronbach	Alfa de Cronbach basada en elementos estandarizados	No. de elementos
.981	.982	3

Fuente: Elaboración propia de la investigación, 2020.

La (Tabla 30) muestra la matriz de correlaciones entre los elementos de la variable planteados lo cual representa tanto una correlación perfecta como una correlación fuerte con respecto a las preguntas planteadas en la variable correspondiente.

Tabla 30 Matriz de correlaciones entre elementos

	¿De qué institución ha recibido capacitación? señale una sola	¿Cómo ha implementado la higiene, salud y seguridad de los trabajadores? Favor de indicar la de más relevancia	¿Cuál es el trabajo que representa el mayor uso de mano de obra?
¿De qué institución ha recibido capacitación? señale una sola	1.000	.951	.990
¿Cómo ha implementado la higiene, salud y seguridad de los trabajadores? Favor de indicar la de más relevancia	.951	1.000	.902
¿Cuál es el trabajo que representa el mayor uso de mano de obra?	.990	.902	1.000

Fuente: Elaboración propia de la investigación, 2020.

5.2.6. VARIABLE CONOCIMIENTO DE PRODUCCIÓN DE LA STEVIA

En la (Tabla 31) se observa un (α) de 0.847 lo cual significa que la variable es buena.

Tabla 31 Estadística de fiabilidad

Alfa de Cronbach	Alfa de Cronbach basada en elementos estandarizados	No. de elementos
.847	.865	6

Fuente: Elaboración propia de la investigación, 2020.

La (Tabla 32) muestra una matriz de correlaciones entre los elementos de la variable planteados lo cual representa tanto una correlación nula, débil como significativa, fuerte y perfecta con respecto a las preguntas planteadas en la variable correspondiente.

Tabla 32 Matriz de correlaciones entre elementos

	¿Cómo es la Stevia?	¿Qué tan de acuerdo está en producir Stevia?	¿Consideras que la Stevia sería un buen producto para producir?	¿Estás de acuerdo en que la Stevia casi no se produce en México?	¿Qué tan fácil considera que es el germinado de Stevia?	¿Es fácil producir Stevia?
¿Conoces la Stevia?	1.000	.296	.298	.057	.736	.622
¿Qué tan de acuerdo está en producir Stevia?	.296	1.000	.860	.766	.310	.678
¿Consideras que la Stevia sería un buen producto para producir?	.298	.860	1.000	.901	.317	.716
¿Estás de acuerdo en que la Stevia casi no se produce en México?	.057	.766	.901	1.000	.070	.473
¿Qué tan fácil considera que es el germinado de Stevia?	.736	.310	.317	.070	1.000	.657
¿Es fácil producir Stevia?	.622	.678	.716	.473	.657	1.000

Fuente: Elaboración propia de la investigación, 2020.

5.2.7. VARIABLE COSTO

En la (Tabla 33) se observa un (α) de 0.805 lo cual significa que la variable es buena.

Tabla 33 Estadística de fiabilidad

Alfa de Cronbach	Alfa de Cronbach basada en elementos estandarizados	No. de elementos
.805	.803	3

Fuente: Elaboración propia de la investigación, 2020.

La (Tabla 34) muestra una matriz de correlaciones entre los elementos de la variable planteados lo cual representa tanto una correlación débil, fuerte como una correlación perfecta con respecto a las preguntas planteadas en la variable correspondiente.

Tabla 34 Matriz de correlación entre elementos

	¿Tiene conocimiento de cuánto cuesta la semilla de Stevia?	¿Qué tan de acuerdo está en que la semilla de Stevia sea muy costosa?	¿Si el costo de la semilla de Stevia es económico estaría usted dispuesto a producirla en su invernadero?
¿Tiene conocimiento de cuánto cuesta la semilla de Stevia?	1.000	.427	.905
¿Qué tan de acuerdo está en que la semilla de Stevia sea muy costosa?	.427	1.000	.396

¿Si el costo de la semilla de Stevia es económico estaría usted dispuesto a producirla en su invernadero'	.905	.396	1.000

Fuente: Elaboración propia de la investigación, 2020.

5.2.8. VARIABLE BENEFICIO

En la (Tabla 35) se observa un (α) de 0.786 lo cual significa que la variable es aceptable.

Tabla 35 Estadística de fiabilidad

Alfa de Cronbach	Alfa de Cronbach basada en elementos estandarizados	No. de elementos
.786	.785	3

Fuente: Elaboración propia de la investigación, 2020.

La (Tabla 36) muestra una matriz de correlaciones entre los elementos de la variable planteados lo cual representa tanto una correlación débil, significativa como una correlación perfecta con respecto a las preguntas planteadas en la variable correspondiente.

Tabla 36 Matriz de correlación entre elementos

	¿Qué tan de acuerdo está en que la planta de Stevia es benéfica para la salud?	¿La Stevia es una buena opción y benéfica para los diabéticos?	¿Sabía que la Stevia uno de sus beneficios es que se puede utilizar para cocinar u hornear?

¿Qué tan de acuerdo está en que la planta de Stevia es benéfica para la salud?	1.000	.396	.761
¿La Stevia es una buena opción y benéfica para los diabéticos?	.396	1.000	.488
¿Sabía que uno de los beneficios de la Stevia es que se puede utilizar para cocinar u hornear?	.761	.488	1.000

Fuente: Elaboración propia de la investigación, 2020.

5.2.9. VARIABLE CAPACITACIÓN

En la (Tabla 37) se observa un (α) de 0.930 lo cual significa que la variable es excelente.

Tabla 37 Estadística de fiabilidad

Alfa de Cronbach	Alfa de Cronbach basada en elementos estandarizados	N de elementos
.930	.935	3

Fuente: Elaboración propia de la investigación, 2020.

La (Tabla 38) muestra una matriz de correlaciones entre los elementos de la variable planteados lo cual representa tanto una correlación significativa, fuerte como una correlación perfecta con respecto a las preguntas planteadas en la variable correspondiente.

Tabla 38 Matriz de correlación entre elementos

	¿Qué tan de acuerdo está en recibir capacitación para producir Stevia en su invernadero?	¿Considera necesaria la capacitación?	¿Qué tan de acuerdo está que con la capacitación se mejoran los sistemas de producción?
¿Qué tan de acuerdo está en recibir capacitación para producir Stevia en su invernadero?	1.000	.773	.761
¿Considera necesaria la capacitación?	.773	1.000	.951
¿Qué tan de acuerdo está que con la capacitación se mejoran los sistemas de producción?	.761	.951	1.000

Fuente: Elaboración propia de la investigación, 2020.

5.3. RESULTADOS DEL INSTRUMENTO DE MEDICIÓN

Una vez que se validó la confiabilidad del instrumento de medición se obtuvieron los siguientes resultados por cada una de las preguntas correspondientes a la variable de estudio:

A) PLANEACIÓN

Pregunta 1

La (Tabla 39) muestra 63 personas de 112 encuestados que estuvieron en desacuerdo de que existe una planeación a futuro en la organización, con un porcentaje de 56.3%, mientras que 16 están de acuerdo en que, si la hay, equivaliendo a un 14.3%.

Tabla 39 frecuencias y porcentajes

¿Existe una planeación a futuro
de tu organización?

		Frecuencia	Porcentaje
Válido	1.00	22	19.6
	2.00	63	56.3
	3.00	11	9.8
	4.00	16	14.3
	Total	112	100.0

Fuente: Elaboración propia de la investigación, 2020.

Así mismo se realizó una prueba de hipótesis de la pregunta a investigar, mediante la prueba Chi-cuadrada con 3° de libertad, para verificar los resultados presentados en la (Tabla 40) con un 95 % de confianza existe evidencia significativa para rechazar la hipótesis nula y aceptar la hipótesis alternativa y resaltar que no existe planeación para el futuro en la organización (Gráfica 1).

Tabla 40 Resultados   **Gráfica 1 Distribución**
prueba Chi-cuadrada   **Chi-cuadrada**

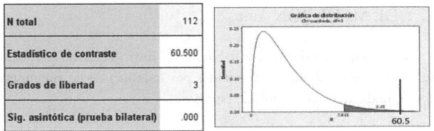

N total	112
Estadístico de contraste	60.500
Grados de libertad	3
Sig. asintótica (prueba bilateral)	.000

Fuente: Elaboración propia de la investigación, 2020.

Pregunta 2

De acuerdo con la (Tabla 41) se observó que 63 productores no aportan ideas en la planeación de su propia organización, lo que equivale a un 56.3 % más de la mitad de los productores, mientras que 2 productores comentan que si se participa en la planeación de su empresa aportando ideas lo cual equivaliendo al 1.8 %.

Tabla 41 Frecuencias y porcentajes
¿Participas en la planeación de tu empresa aportando ideas?

		Frecuencia	Porcentaje
Válido	1.00	24	21.4
	2.00	63	56.3
	3.00	9	8.0
	4.00	14	12.5
	5.00	2	1.8
	Total	112	100.0

Fuente: Elaboración propia de la investigación, 2020.

Se realizó una prueba de hipótesis de la pregunta a investigar mediante la Chi-cuadrada con 4° de libertad (Tabla 42) resaltando con un 95 % de confianza que existe evidencia significativa para aceptar la hipótesis alternativa y rechazar la nula por lo tanto no participa la gente en la planeación de la empresa donde se labora ni aportando ideas (Gráfica 2).

Tabla 42 Resultados prueba Chi-cuadrada

Gráfica 2 Distribución Chi-cuadrada

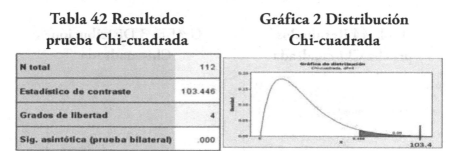

N total	112
Estadístico de contraste	103.446
Grados de libertad	4
Sig. asintótica (prueba bilateral)	.000

Fuente: Elaboración propia de la investigación, 2020.

Pregunta 3

Se observa en la (Tabla 43) que 63 productores no trabajan con un modelo de planeación lo cual representa un 56.3 % más de la mitad de los productores, mientras que 18 si trabajan con un modelo de planeación equivaliendo al 16 %.

Tabla 43 Frecuencias y porcentajes

¿Trabajas con un modelo de planeación?

		Frecuencia	Porcentaje
Válido	1.00	22	19.6
	2.00	63	56.3
	3.00	9	8.0
	4.00	18	16.1
	Total	112	100.0

Fuente: Elaboración propia de la investigación, 2020.

Probando hipotéticamente la pregunta mencionada con anterioridad y con 3° de libertad (Tabla 44) con un 95 % de confianza existe evidencia significativa para aceptar la hipótesis alternativa y rechazar la nula, por lo tanto, no se trabaja con un modelo de planeación en los invernaderos de la región (Gráfica 3).

Tabla 44 Resultados prueba Chi-cuadrada   ### Gráfica 3 Distribución Chi-cuadrada

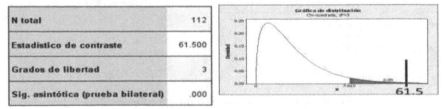

N total	112
Estadístico de contraste	61.500
Grados de libertad	3
Sig. asintótica (prueba bilateral)	.000

Fuente: Elaboración propia de la investigación, 2020.

Pregunta 4

De acuerdo con la (Tabla 45) se observa que 63 productores no planean bien su trabajo lo que equivale al 56.3 %, del 100 % de los 112 productores encuestados mientras que 16 productores sí planean su trabajo equivaliendo al 14.3 %.

Tabla 45 Frecuencias y porcentajes
¿Planeas tu trabajo?

		Frecuencia	Porcentaje
Válido			
	1.00	20	17.9
	2.00	63	56.3
	3.00	13	11.6
	4.00	16	14.3
	Total	112	100.0

Fuente: Elaboración propia de la investigación, 2020.

Se realizó una prueba de hipótesis a investigar de la pregunta antes mencionada, utilizando 3° de libertad (Tabla 46) y con un 95 % de confianza existe evidencia significativa para aceptar la hipótesis alternativa y rechazar la nula por lo tanto no existe planeación alguna para desarrollar el trabajo en los invernaderos (Gráfica 4).

Tabla 46 Resultados prueba Chi-cuadrada

Gráfica 4 Distribución Chi-cuadrada

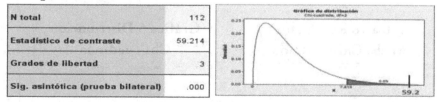

N total	112
Estadístico de contraste	59.214
Grados de libertad	3
Sig. asintótica (prueba bilateral)	.000

Fuente: Elaboración propia de la investigación, 2020.

B) ESTRATEGIA

Pregunta 5

En la (Tabla 47) se observó que 52 productores no cuentan con alguna estrategia para llevar a cabo sus actividades equivaliendo a un 46.4 %, mientras que 26 de ellos cuentan con alguna estrategia para llevar a cabo sus actividades registrando un 23.2 %, lo cual no se acerca a la mitad de los productores.

Tabla 47 Frecuencias y porcentajes

¿Cuenta con alguna estrategia para llevar a cabo sus actividades?

		Frecuencia	Porcentaje
Válido	1.00	10	8.9
	2.00	52	46.4
	3.00	24	21.4
	4.00	26	23.2
	Total	112	100.0

Fuente: Elaboración propia de la investigación, 2020.

Se realizó una prueba de hipótesis de la pregunta y comprobar los resultados de la tabla anterior, utilizando 3° de libertad (Tabla 48) y con un 95 % de confianza existe evidencia significativa para aceptar alternativa y decir que no se cuenta con alguna estrategia para llevar a cabo las actividades (Gráfica 5).

Tabla 48 Resultados   **Gráfica 5 Distribución**
prueba Chi-cuadrada   **Chi-cuadrada**

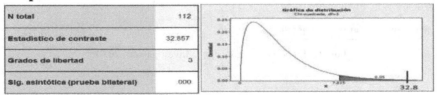

Fuente: Elaboración propia de la investigación, 2020.

Pregunta 6

Se observó en la (Tabla 49) que 52 productores están en desacuerdo en que la estrategia se conozca por todos los trabajadores lo que equivale a un 46.4 %, mientras que 24 productores están de acuerdo en que se conozca la estrategia por todos, ya que así se trabaja mejor equivaliendo a un 21.4 %.

Tabla 49 Frecuencias y porcentajes

¿La estrategia es conocida por todos?		Frecuencia	Porcentaje
Válido	1.00	12	10.7
	2.00	52	46.4
	3.00	24	21.4
	4.00	24	21.4
	Total	112	100.0

Fuente: Elaboración propia de la investigación, 2020.

Se realizó una prueba de hipótesis para sustentar la respuesta de la (Tabla 50) con 3° de libertad y con un 95 % de confianza existe evidencia significativa para aceptar la hipótesis alternativa y rechazar la nula por lo tanto la estrategia no es conocida por todos los trabajadores (Gráfica 6).

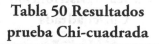

Tabla 50 Resultados prueba Chi-cuadrada

Gráfica 6 Distribución Chi-cuadrada

N total	112
Estadístico de contraste	30.857
Grados de libertad	3
Sig. asintótica (prueba bilateral)	.000

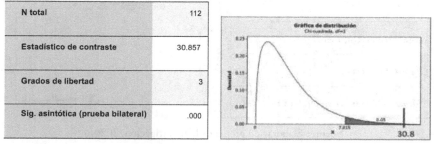

Fuente: Elaboración propia de la investigación, 2020.

Pregunta 7

Los resultados de la (Tabla 51) reflejaron que 54 productores están en desacuerdo que los empleados participen en la elaboración de la estrategia, esto equivale a un 48.2 %, mientras que 22 productores están de acuerdo en que los empleados si participen, equivaliendo a un 19.6 %.

Tabla 51 Frecuencias y porcentajes

¿Al elaborar la estrategia los empleados participan en su elaboración?		Frecuencia	Porcentaje
Válido	1.00	10	8.9
	2.00	54	48.2
	3.00	26	23.2
	4.00	22	19.6
	Total	112	100.0

Fuente: Elaboración propia de la investigación, 2020.

Se realizó una prueba de hipótesis de la pregunta para ver la veracidad de los resultados obtenidos en la tabla 52, con 3° de libertad y con un 95 % de confianza existe evidencia significativa para no rechazar hipótesis alternativa y decir que los empleados no participan en la elaboración de la estrategia (Gráfica 7).

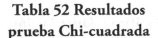

Tabla 52 Resultados prueba Chi-cuadrada

Gráfica 7 Distribución Chi-cuadrada

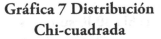

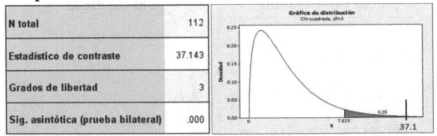

N total	112
Estadístico de contraste	37.143
Grados de libertad	3
Sig. asintótica (prueba bilateral)	.000

Fuente: Elaboración propia de la investigación, 2020.

Pregunta 8

De acuerdo con los resultados de la (Tabla 53) 52 productores estuvieron en desacuerdo en que no existe un modelo estratégico de trabajo con el cual se puedan guiar, esto equivale a un 46.4 %, mientras que 26 productores ni están de acuerdo ni en desacuerdo están en una etapa intermedia en que exista un modelo de trabajo, equivaliendo al 23.2 %.

Tabla 53 Frecuencias y porcentajes

¿Existe un modelo estratégico de trabajo?		Frecuencia	Porcentaje
Válido	1.00	10	8.9
	2.00	52	46.4
	3.00	26	23.2
	4.00	24	21.4
	Total	112	100.0

Fuente: Elaboración propia de la investigación, 2020.

Se realizó una prueba de hipótesis para responder a la pregunta utilizando 3° grados de libertad (Tabla 54) y con un 95 % de confianza, existe evidencia significativa para no rechazar la hipótesis alternativa y decir que no existe un modelo estratégico de trabajo en los invernaderos (Gráfica 8).

Tabla 54 Resultados prueba Chi-cuadrada   Gráfica 8 Distribución Chi-cuadrada

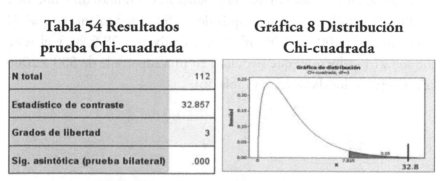

N total	112
Estadístico de contraste	32.857
Grados de libertad	3
Sig. asintótica (prueba bilateral)	.000

Fuente: Elaboración propia de la investigación, 2020.

C) **PRODUCCIÓN**

Pregunta 9

Se observa de acuerdo con la (Tabla 55) 72 productores utilizan la variedad de semilla pre germinada Saladette Reserva f1 (V81) para producir jitomate lo que equivale al 64.3 % de los productores que utilizan esa semilla.

Tabla 55 Frecuencias y porcentajes

¿Qué variedad de jitomate es el que produce?		Frecuencia	Porcentaje
Válido	Tomate Hibrido CID F1	10	8.9
	Tomate Hibrido SUN 7705	18	16.1
	V305F1 Saladette	12	10.7
	Semilla pre germinada Saladette RESERVA F1 (V81)	72	64.3
	Total	112	100.0

Fuente: Elaboración propia de la investigación, 2020.

Pregunta 10

Los resultados muestran que 59 productores siembran una superficie de 2001 a 3000 m², lo que equivale al 52.7 %, mientras que 32 productores de 4001 a 4500 m², lo que equivale a 28.6 %, y el resto que son 21 productores que siembran en una superficie de 500 a 2000 m², reflejando los datos en la (Tabla 56).

Tabla 56 Frecuencias y porcentaje

¿Qué superficie es la que siembre?

		Frecuencia	Porcentaje
Válido	De 3001 a 4500 m2	32	28.6
	De 2001 a 3000m2	59	52.7
	De 500 a 2000 m2	21	18.8
	Total	112	100.0

Fuente: Elaboración propia de la investigación, 2020.

Pregunta 11

De acuerdo con la (Tabla 57) se observa que 53 productores tienen una producción anual de 21 a 40 toneladas, esto representa un 47.3 %, mientras que 35 productores tienen una producción de 41 a 50 toneladas equivaliendo al 31.3 %.

Tabla 57 Frecuencias y porcentaje

¿Cuál es el volumen de producción por cosecha?

		Frecuencia	Porcentaje
Válido	De 51 a 60 toneladas	12	10.7
	De 41 a 50 toneladas	35	31.3
	De 21 a 40 toneladas	53	47.3
	De 5 a 20 toneladas	12	10.7
	Total	112	100.0

Fuente: Elaboración propia de la investigación, 2020.

Pregunta 12

Los resultados reflejan que 89 productores tienen dos cosechas por año lo que equivale a decir que es el 79.5 %, mientras que los 23 productores restantes reflejan el 20.5 %, mostrándose los resultados obtenidos en la (Tabla 58).

Tabla 58 Frecuencias y porcentaje

¿Cuántas cosechas tiene por año?		Frecuencia	Porcentaje
Válido	Dos	89	79.5
	Una	23	20.5
	Total	112	100.0

Fuente: Elaboración propia de la investigación, 2020.

Pregunta 13

Los resultados reflejaron que 110 productores están de acuerdo en germinar su propia plántula de jitomate lo que equivale a un 98.2 %, mientras que 2 están en una etapa intermedia, equivaliendo al 1.8 % mostrados en la (Tabla 59).

Tabla 59 Frecuencias y porcentaje

¿Qué tan de acuerdo está en producir (germinar) tu plántula de jitomate?		Frecuencia	Porcentaje
Válido	3.00	2	1.8
	4.00	93	83.0
	5.00	17	15.2
	Total	112	100.0

Fuente: Elaboración propia de la investigación, 2020.

Se realizó una prueba de hipótesis para comprobar la pregunta planteada con anterioridad, con 2° de libertad (Tabla 60) y con un 95 % de confianza existe evidencia significativa para aceptar la hipótesis alternativa y decir que los productores si están de acuerdo en el germinado de su propia plántula (Gráfica 9).

Tabla 60 Resultados prueba Chi-cuadrada

Gráfica 9 Distribución Chi-cuadrada

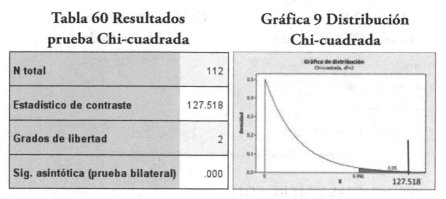

N total	112
Estadístico de contraste	127.518
Grados de libertad	2
Sig. asintótica (prueba bilateral)	.000

Fuete: Elaboración propia de la investigación, 2020.

Pregunta 14

Los resultados muestran que 69 productores se encuentran de acuerdo respecto a producir otra verdura o planta lo que equivale a un 61.6 % de la población de los productores, mientras que 31 productores se encuentran en una etapa intermedia, siendo un 27.7 %, como se muestra en la (Tabla 61).

Tabla 61 Frecuencia y porcentaje

¿En algún momento ha pensado en lugar de producir jitomate producir otra verdura o planta?

		Frecuencia	Porcentaje
Válido	2.00	10	8.9
	3.00	31	27.7
	4.00	69	61.6
	5.00	2	1.8
	Total	112	100.0

Fuente: Elaboración propia de la investigación, 2020.

Se realizó una prueba de hipótesis respecto a la pregunta mencionada con anterioridad utilizando 3° grados de libertad (Tabla 62) y con un 95 % de confianza existe evidencia significativa para aceptar la hipótesis alternativa y rechazar la nula decir que en algún momento se ha pensado en producir otra verdura o planta (Gráfica 10).

Tabla 62 Resultados prueba Chi-cuadrada

Gráfica 10 Distribución Chi-cuadrada

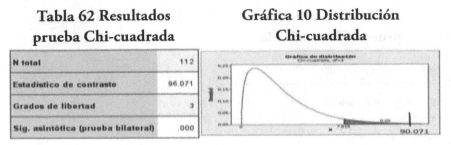

N total	112
Estadístico de contraste	96.071
Grados de libertad	3
Sig. asintótica (prueba bilateral)	.000

Fuente: Elaboración propia de la investigación, 2020.

D) VENTAS Y MERCADO

Pregunta 15

De acuerdo con los resultados que muestra la (Tabla 63) los productores dicen que el precio se negocia entre comprador y vendedor, esto equivale a un 71.4 % de los productores siendo la mayoría, en algunos casos el comprador pone el precio con una frecuencia de respuesta de 7 personas y con un 6.3 % y en otros casos algún órgano oficial se encarga de poner el precio con una respuesta de 3 productores teniendo un porcentaje de 2.7 % de 112 encuestados.

Tabla 63 Frecuencias y porcentaje

¿Quién pone el precio?		Frecuencia	Porcentaje
Válido	Algún órgano oficial	3	2.7
	El comprador	7	6.3
	Usted como vendedor	11	9.8
	Negociación entre comprador y vendedor	80	71.4
	Se fija en base a la competencia	11	9.8
	Total	112	100.0

Fuente: Elaboración propia de la investigación, 2020.

Se realizó una prueba de hipótesis para verificar quien pone el precio, utilizando 4° de libertad (Tabla 64) y con un nivel de confianza del 95 %, existe evidencia significativa para no rechazar la hipótesis alternativa y decir que el precio lo negocia entre el comprador y vendedor (Gráfica 11).

Tabla 64 Resultados prueba Chi-cuadrada	Gráfica 11 Distribución Chi- cuadrada

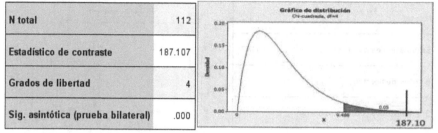

N total	112
Estadístico de contraste	187.107
Grados de libertad	4
Sig. asintótica (prueba bilateral)	.000

Fuente: Elaboración propia de la investigación, 2020.

Pregunta 16

La (Tabla 65) muestra que 56 productores destinan su producto a los mayoristas equivaliendo a un 50 %, mientras que 51 mayoristas destinan su producto al mercado nacional equivaliendo al 45.5 %, esto quiere decir que su producto no se queda en la comunidad.

Tabla 65 Frecuencias y porcentaje

¿Cuál es el mercado al que se destina el producto?		
	Frecuencia	Porcentaje
Válido Procesadoras	3	2.7
Consumidor final	2	1.8
Mayorista	56	50.0
Nacional	51	45.5
Total	112	100.0

Fuente: Elaboración propia de la investigación, 2020.

Se realizó una prueba de hipótesis para verificar cuál es el mercado al que se destina el producto, en la (Tabla 66) se muestran 3° de libertad y con un 95 % de confianza existe evidencia significativa para no rechazar la hipótesis alternativa y decir que el mercado al que se destina el producto es nacional como a mayoristas (Gráfica 12).

Tabla 66 Resultados prueba Chi-cuadrada	Gráfica 12 Distribución Chi-cuadrada

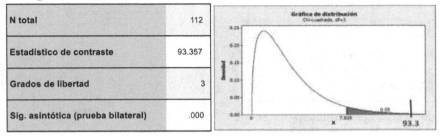

Fuente: Elaboración propia de la investigación, 2020.

Pregunta 17

Los resultados mostraron que las ventas si presentan temporadas altas y bajas de acuerdo con los 77 productores, lo cual equivale a un 68.8 %, mientras que 30 productores están de acuerdo que, si suben y bajan las ventas, equivaliendo al 26.8 % (Tabla 67).

Tabla 67 Frecuencias y porcentaje

¿Qué tan de acuerdo está en que las ventas tienen temporadas altas y bajas?			
		Frecuencia	Porcentaje
Válido	1.00	5	4.5
	4.00	30	26.8
	5.00	77	68.8
	Total	112	100.0

Fuente: Elaboración propia de la investigación, 2020.

Se realizó una prueba de hipótesis para verificar la veracidad de los resultados de la tabla utilizando 2° de libertad (Tabla 68) con un 95 % de confianza existe evidencia significativa para no rechazar la hipótesis alternativa y decir con toda confianza que las ventas tienen temporadas de altas y bajas (Gráfica 13).

Tabla 68 Resultados prueba Chi-cuadrada

Gráfica 13 Distribución Chi-cuadrada

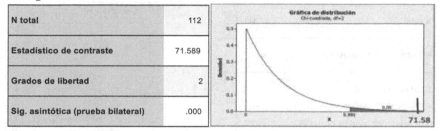

N total	112
Estadístico de contraste	71.589
Grados de libertad	2
Sig. asintótica (prueba bilateral)	.000

Fuente: Elaboración propia de la investigación, 2020.

Pregunta 18

Los resultados muestran a 105 productores los cuales dijeron que la calidad es un factor importante para generar satisfacción al cliente, reflejando un 93.8 %, ya que la calidad de todo producto es necesaria para generar una compra (Tabla 69).

Tabla 69 Frecuencias y porcentaje

¿Cuáles son los factores más importantes para generar satisfacción en el cliente?		Frecuencia	Porcentaje
Válido	El conocimiento	3	2.7
	El valor	2	1.8
	El servicio	2	1.8
	La calidad	105	93.8
	Total	112	100.0

Fuente: Elaboración propia de la investigación, 2020.

Se realizó una prueba de hipótesis para reafirmar el resultado de la (Tabla 70) utilizando 3° de libertad y con un 95 % de confianza existe evidencia significativa para no rechazar la hipótesis alternativa y decir con certeza que la calidad de un producto genera satisfacción al cliente (Gráfica 14).

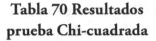

Tabla 70 Resultados prueba Chi-cuadrada

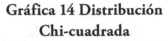

Gráfica 14 Distribución Chi-cuadrada

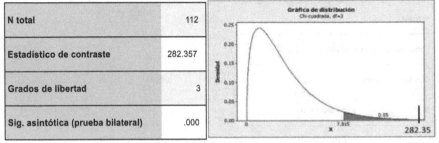

N total	112
Estadístico de contraste	282.357
Grados de libertad	3
Sig. asintótica (prueba bilateral)	.000

Fuente: Elaboración propia de la investigación, 2020.

E) RECURSOS HUMANOS

Pregunta 19

Los resultados muestran que 95 productores han tenido aprendizaje autodidacta, reflejando un 84.8 %, mientras que 13 productores han tenido asesores técnicos, equivaliendo a un 11.65, esto quiere decir que no cuentan con una asesoría de ninguna institución ni dependencia gubernamental, tabla 71.

Tabla 71 Frecuencias y porcentaje

¿De qué institución ha recibido capacitación? señale una sola			
		Frecuencia	Porcentaje
Válido	Aprendizaje autodidacta	95	84.8
	Asesores técnicos	13	11.6
	SAGARPA	4	3.6
	Total	112	100.0

Fuente: Elaboración propia de la investigación, 2020.

Se realizó una prueba de hipótesis sobre que institución brinda capacitación, con 2° de libertad (Tabla 72) y con un 95 % de confianza existe evidencia significativa para no rechazar la hipótesis alternativa y decir que su aprendizaje es autodidacta (Gráfica 15).

**Tabla 72 Resultados
prueba Chi-cuadrada**

**Gráfica 15 Distribución
Chi-cuadrada**

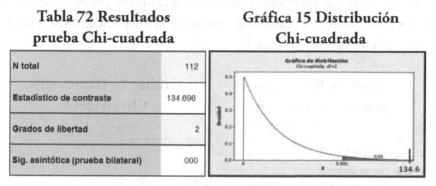

N total	112
Estadístico de contraste	134.696
Grados de libertad	2
Sig. asintótica (prueba bilateral)	.000

Fuente: Elaboración propia de la investigación, 2020.

Pregunta 20

Los resultados reflejan que 50 productores implementan la higiene, salud y seguridad de los trabajadores utilizando los medios de información equivaliendo a un 44.6 %, mientras que 44 productores la han implantado utilizando el equipo de protección e higiene equivaliendo a un 39.3 % (Tabla 73).

Tabla 73 Frecuencias y porcentajes de respuesta

¿Cómo ha implementado la higiene, salud y seguridad de los trabajadores? Favor de indicar la de más relevancia

		Frecuencia	Porcentaje
Válido	Cursos de seguridad	2	1.8
	Mantenimiento a equipo de trabajo	4	3.6
	Mediante información	50	44.6
	Botiquín de primeros auxilios	12	10.7
	La utilización del equipo de protección e higiene	44	39.3
	Total	112	100.0

Fuente: Elaboración propia de la investigación, 2020.

Se realizó una prueba de hipótesis para verificar si mediante la información se puede implementar la higiene, salud y seguridad de los trabajadores, con 4° de libertad (Tabla 74) y con un 95 % de confianza existe evidencia significativa para no rechazar la hipótesis alternativa y decir con toda seguridad que se implementa la higiene, salud y seguridad de los trabajadores mediante información y la utilización del equipo de protección e higiene (Gráfica 16).

Tabla 74 Resultados prueba Chi-cuadrada   **Gráfica 16 Distribución Chi-cuadrada**

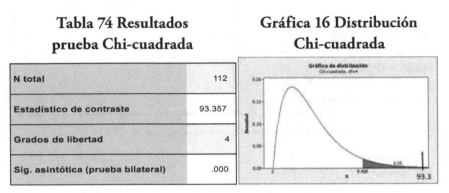

N total	112
Estadístico de contraste	93.357
Grados de libertad	4
Sig. asintótica (prueba bilateral)	.000

Fuente: Elaboración propia de la investigación, 2020.

Pregunta 21

La (Tabla 75) muestra que 103 productores respondieron que el trabajo que representa el mayor uso de mano de obra es la poda de la planta, teniendo un 92 %, mientras que 4 productores dicen que es el tutorado con un 3.6 %.

Tabla 75 Frecuencias y porcentaje

¿Cuál es el trabajo que representa el mayor uso de mano de obra?		Frecuencia	Porcentaje
Válido	Cosecha	2	1.8
	Poda	103	92.0
	Tutorado	4	3.6
	Trasplante	3	2.7
	Total	112	100.0

Fuente: Elaboración propia de la investigación, 2020.

Para la comprobación de la pregunta anterior se realizó una prueba de hipótesis, con 3° de libertad (Tabla 76), y con un 95 % de confianza existe evidencia significativa para no rechazar la hipótesis alternativa y decir que la poda es el trabajo que representa el mayor uso de mano de obra en los invernaderos (Gráfica 17).

Tabla 76 Resultados prueba Chi-cuadrada   **Gráfica 17 Distribución Chi-cuadrada**

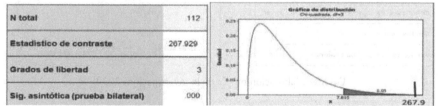

N total	112
Estadístico de contraste	267.929
Grados de libertad	3
Sig. asintótica (prueba bilateral)	.000

Fuente: Elaboración propia de la investigación, 2020.

F) CONOCIMIENTO DE PRODUCCIÓN DE STEVIA

Pregunta 22

Los resultados muestran que 71 productores se encuentran en una etapa intermedia de conocimiento de la Stevia lo que equivale al 63.4 %, mientras que 23 productores están de acuerdo en conocerla lo cual equivale a un 20.5 % (Tabla 77).

Tabla 77 Frecuencias y porcentaje

¿Conoces la Stevia?		Frecuencia	Porcentaje
Válido	1.00	10	8.9
	2.00	8	7.1
	3.00	71	63.4
	4.00	23	20.5
	Total	112	100.0

Fuente: Elaboración propia de la investigación, 2020.

Se realizó una prueba de hipótesis para verificar los resultados de la tabla anterior, con 3° de libertad (Tabla 78) y con un 95 % de confianza, existe evidencia significativa para no rechazar la hipótesis alternativa y decir que los productores se encuentran en una etapa intermedia (Gráfica 18).

Tabla 78 Resultados prueba Chi-cuadrada   Gráfica 18 Distribución Chi-cuadrada

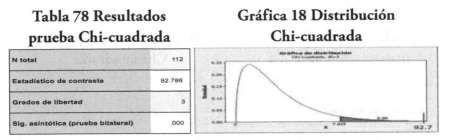

Fuente: Elaboración propia de la investigación, 2020.

Pregunta 23

Los resultados muestran que 84 de los productores están en una etapa intermedia en estar de acuerdo en producir Stevia equivaliendo al 75 %, mientras que 16 productores si están de acuerdo en producirla estando en un 14.3 % (Tabla 79).

Tabla 79 Frecuencias y porcentaje

¿Qué tan de acuerdo está en producir Stevia?		Frecuencia	Porcentaje
Válido	1.00	2	1.8
	2.00	8	7.1
	3.00	84	75.0
	4.00	16	14.3
	5.00	2	1.8
	Total	**112**	**100.0**

Fuente: Elaboración propia de la investigación, 2020.

Se realizó una prueba de hipótesis para comprobar la hipótesis de la pregunta anterior, utilizando 4° de libertad (Tabla 80) y con un nivel de confianza del 95 %, existe evidencia significativa para no rechazar la hipótesis alternativa y decir que las personas están totalmente de acuerdo en producir Stevia en los invernaderos (Gráfica 19).

Tabla 80 Resultados prueba Chi-cuadrada

Gráfica 19 Distribución Chi-cuadrada

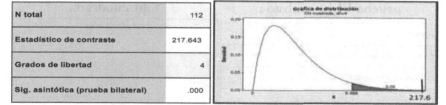

N total	112
Estadístico de contraste	217.643
Grados de libertad	4
Sig. asintótica (prueba bilateral)	.000

Fuente: Elaboración propia de la investigación, 2020.

Pregunta 24

Los resultados muestran que 80 productores se encuentran en una etapa intermedia considerando y no considerando que la Stevia sería un buen producto para producir (Tabla 81) teniendo un 71.4 %, mientras que 18 productores están de acuerdo en producirla, encontrándose en un 16.1 %

Tabla 81 Frecuencias y porcentaje

		Frecuencia	Porcentaje
Válido	1.00	2	1.8
	2.00	10	8.9
	3.00	80	71.4
	4.00	18	16.1
	5.00	2	1.8
	Total	112	100.0

¿Consideras que la Stevia sería un buen producto para producir?

Fuente: Elaboración propia de la investigación, 2020.

Se realizó una prueba de hipótesis para verificar si la Stevia sería un buen producto para producir, con 4° de libertad (Tabla 82) y con un 95 % de confianza existe evidencia significativa para no rechazar la hipótesis alternativa y decir con certeza que la Stevia sería un buen producto para producir en los invernaderos de la región (Gráfica 20).

Tabla 82 Resultados prueba Chi-Cuadrada   **Gráfica 20 Distribución Chi-cuadrada**

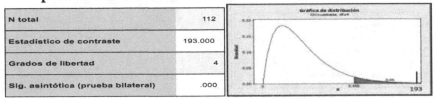

N total	112
Estadístico de contraste	193.000
Grados de libertad	4
Sig. asintótica (prueba bilateral)	.000

Fuente: Elaboración propia de la investigación, 2020.

Pregunta 25

Se observa que 82 productores se encuentran en una etapa intermedia y con un 73.2 %, mientras que 8 productores dicen que la Stevia casi no se produce en México, equivaliendo al 7.2 % (Tabla 83).

Tabla 83 Frecuencias y porcentaje

¿Estás de acuerdo en que la Stevia casi no se produce en México?

		Frecuencia	Porcentaje
Válido	1.00	2	1.8
	2.00	6	5.4
	3.00	82	73.2
	4.00	18	16.1
	5.00	4	3.6
	Total	112	100.0

Fuente: Elaboración propia de la investigación, 2020.

Se realizó una prueba de hipótesis para corroborar los resultados de la pregunta, con 4° de libertad (Tabla 84) y con un 95 % de confianza existe evidencia significativa para no rechazar la hipótesis alternativa y decir que están de acuerdo que la Stevia casi no se produce en México (Gráfica 21).

Tabla 84 Prueba Chi-cuadrada Gráfica 21 Distribución Chi-cuadrada

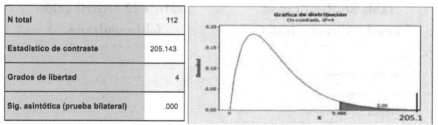

N total	112
Estadístico de contraste	205.143
Grados de libertad	4
Sig. asintótica (prueba bilateral)	.000

Fuente: Elaboración propia de la investigación, 2020.

Pregunta 26

Se muestra en los resultados que 88 productores se encuentran en una etapa intermedia lo cual nos dice que no es fácil el germinado de la Stevia, teniendo un 78.6 %, mientras que 14 de los productores no están de acuerdo en que es fácil su germinado, encontrándose en un 12.5 % (Tabla 85).

Tabla 85 Frecuencias y porcentaje		
¿Qué tan fácil considera que es el germinado de Stevia?		
	Frecuencia	Porcentaje
Válido 1.00	4	3.6
2.00	10	8.9
3.00	88	78.6
4.00	10	8.9
Total	112	100.0

Fuente: Elaboración propia de la investigación, 2020.

Se realizó una prueba de hipótesis respecto a qué tan fácil considera que es el germinado de Stevia, utilizando 3° de libertad (Tabla 86) y con un 95 % de confianza existe evidencia significativa para no rechazar la hipótesis alternativa y decir que es un poco difícil el germinado de esa semilla (Gráfica 22).

Tabla 86 Resultados prueba Chi-cuadrada **Gráfica 22 Distribución Chi-cuadrada**

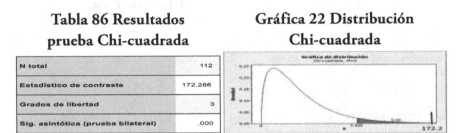

N total	112
Estadístico de contraste	172.286
Grados de libertad	3
Sig. asintótica (prueba bilateral)	.000

Fuente: Elaboración propia de la investigación, 2020.

Pregunta 27

Los resultados muestran que 89 de los productores se encuentran en una etapa intermedia en donde sí y no consideran que es fácil producir Stevia, encontrándose en un 79.5 %, y 13 productores dicen estar de acuerdo en que es fácil producir Stevia, encontrándose en un 11.6 % (Tabla 87).

Tabla 87 Frecuencias y porcentaje			
¿Es fácil producir Stevia?			
		Frecuencia	Porcentaje
Válido	1.00	2	1.8
	2.00	8	7.1
	3.00	89	79.5
	4.00	13	11.6
	Total	112	100.0

Fuente: Elaboración propia de la investigación, 2020.

Se realizó una prueba de hipótesis para ver si realmente es fácil la producción de Stevia, con 3° de libertad (Tabla 88) y con un 95 % de confianza existe evidencia significativa para decir que no es tan fácil producir Stevia en condiciones de invernadero (Gráfica 23).

**Tabla 88 Resultados
prueba Chi-cuadrada**   **Gráfica 23 Distribución
Chi-cuadrada**

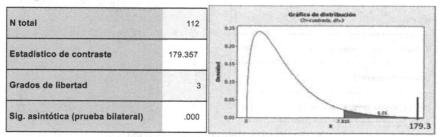

N total	112
Estadístico de contraste	179.357
Grados de libertad	3
Sig. asintótica (prueba bilateral)	.000

Fuente: Elaboración propia de la investigación, 2020.

G) COSTO

Pregunta 28

Los resultados muestran que 96 productores no conocen cuánto cuesta la semilla de Stevia, encontrándose en un 85.7 %, mientras que los 16 restantes se encuentran en una etapa intermedia estando en un 14.3 %, lo cual quiere decir que desconocen su precio (Tabla 89).

Tabla 89 Frecuencias y porcentaje		
¿Tiene conocimiento de cuánto cuesta la semilla de Stevia?		
	Frecuencia	Porcentaje
Válido 2.00	96	85.7
3.00	16	14.3
Total	112	100.0

Fuente: Elaboración propia de la investigación, 2020.

Se realizó una prueba de hipótesis para verificar si realmente tienen conocimiento de cuánto cuesta la Stevia, con 1° de libertad (Tabla 90), y con un 95 % de confianza existe evidencia significativa para aceptar la hipótesis alternativa y decir que no tienen conocimiento de cuánto cuesta la Stevia, (Gráfica 24).

Tabla 90 Resultados prueba Chi-cuadrada   **Gráfica 24 Distribución Chi-cuadrada**

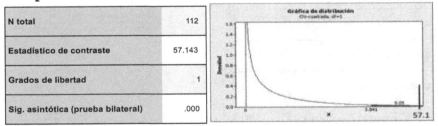

N total	112
Estadístico de contraste	57.143
Grados de libertad	1
Sig. asintótica (prueba bilateral)	.000

Fuente: Elaboración propia de la investigación, 2020.

Pregunta 29

Los resultados muestran que 96 de los productores se encuentran en una etapa intermedia es decir ni de acuerdo ni en desacuerdo que la semilla de Stevia sea muy costosa, encontrándose en un 85.7 %, mientras que 12 productores están en desacuerdo que las semillas sean muy costosas, encontrándose en un 10.7 % (Tabla 91).

Tabla 91 Frecuencias y porcentaje

¿Qué tan de acuerdo está en que la semilla de Stevia sea muy costosa?

		Frecuencia	Porcentaje
Válido	2.00	12	10.7
	3.00	96	85.7
	4.00	4	3.6
	Total	112	100

Fuente: Elaboración propia de la investigación, 2020.

Se realizó una prueba de hipótesis para ver qué tan de acuerdo están en sí es costosa la semilla o no, con un 2° de libertad (Tabla 92) y con un 95 % de confianza existe evidencia significativa para no rechazar la hipótesis alternativa y decir que no están de acuerdo en que la semilla de Stevia es costosa (Gráfica 25).

Tabla 92 Resultados
prueba Chi-cuadrada

Gráfica 25 Distribución
Chi-cuadrada

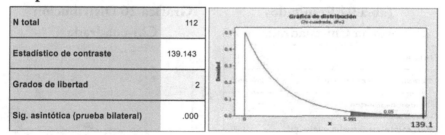

N total	112
Estadístico de contraste	139.143
Grados de libertad	2
Sig. asintótica (prueba bilateral)	.000

Fuente: Elaboración propia de la investigación, 2020.

Pregunta 30

Los resultados muestran que 100 productores se encuentran en una etapa intermedia por lo que no estarían dispuestos a producir Stevia si el costo de la Stevia fuera caro y no económico, encontrándose en un 89.3 %, mientras que 4 productores no están de acuerdo en producirla, estando en un 3.6 % (Tabla 93).

Tabla 93 Frecuencias y porcentaje
¿Si el costo de la semilla de Stevia es económico estaría usted dispuesto a producirla en su invernadero?

		Frecuencia	Porcentaje
Válido	2.00	4	3.6
	3.00	100	89.3
	4.00	4	3.6
	5.00	4	3.6
	Total	112	100

Fuente: Elaboración propia de la investigación, 2020.

Se realizó una prueba de hipótesis para ver si el costo de la Stevia fuera económico la producirían en su invernadero, con 3° de libertad (Tabla 94) y con un 95 % de confianza, existe evidencia significativa para no rechazar la hipótesis alternativa y decir que estarían dispuestos a producirla en su invernadero (Gráfica 26).

Tabla 94 Resultados prueba Chi-cuadrada   ## Gráfica 26 Distribución Chi-cuadrada

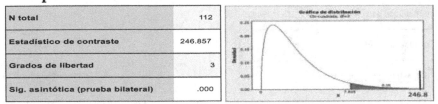

N total	112
Estadístico de contraste	246.857
Grados de libertad	3
Sig. asintótica (prueba bilateral)	.000

Fuente: Elaboración propia de la investigación, 2020.

H) BENEFICIO

Pregunta 31

Se observa que 73 productores se encuentran en una etapa intermedia conociendo y desconociendo que la Stevia es benéfica para la salud, encontrándose en un 65.2 %, mientras que 29 productores están de acuerdo que la planta es benéfica para la salud, colocándose en un 25.9 % (Tabla 95).

Tabla 95 Frecuencias y porcentajes
¿Qué tan de acuerdo está en que la planta de Stevia es benéfica para la salud?

		Frecuencia	Porcentaje
Válido	2.00	4	3.6
	3.00	73	65.2
	4.00	29	25.9
	5.00	6	5.4
	Total	112	100.0

Fuente: Elaboración propia de la investigación, 2020.

Se realizó una prueba de hipótesis para verificar que tan de acuerdo están los productores en la planta de Stevia sea benéfica para la salud, con 3° de libertad (Tabla 96) y con un 95 % de confianza existe evidencia significativa para no rechazar la hipótesis alternativa y decir que están de acuerdo en que la planta sea benéfica para la salud (Gráfica 27).

Tabla 96 Resultados prueba Chi-cuadrada

Gráfica 27 Distribución Chi-cuadrada

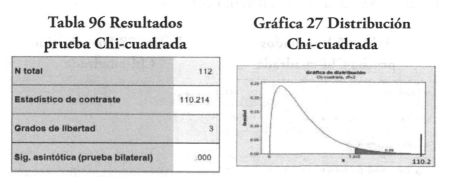

N total	112
Estadístico de contraste	110.214
Grados de libertad	3
Sig. asintótica (prueba bilateral)	.000

Fuente: Elaboración propia de la investigación, 2020.

Pregunta 32

Los resultados muestran que 67 productores se encuentran en una etapa intermedia conociendo y desconociendo que la Stevia es benéfica para los

diabéticos, encontrándose en un 59.8 %, mientras que 39 productores
están conscientes de que es buena para los diabéticos, encontrándose
en un 34.8 %, mostrándose los resultados en la gráfica correspondiente
(Tabla 97).

Tabla 97 Frecuencias y porcentaje
¿La Stevia es una buena opción y benéfica para los diabéticos?

		Frecuencia	Porcentaje
Válido	2.00	2	1.8
	3.00	67	59.8
	4.00	39	34.8
	5.00	4	3.6
	Total	112	100.0

Fuente: Elaboración propia de la investigación

Se realizó una prueba de hipótesis de esta pregunta para ver si la
Stevia es una buena opción y benéfica para los diabéticos, con 3° de
libertad (Tabla 98) existe evidencia significativa para no rechazar la
hipótesis alternativa y decir que la Stevia es una buena opción y es
benéfica para los diabéticos (Gráfica 28).

Tabla 98 Resultados prueba Chi-cuadrada   ### Gráfica 28 Distribución Chi-cuadrada

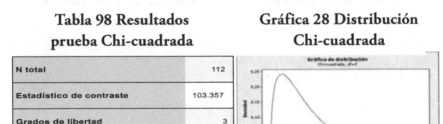

N total	112
Estadístico de contraste	103.357
Grados de libertad	3
Sig. asintótica (prueba bilateral)	.000

Fuente: Elaboración propia de la investigación, 2020.

Pregunta 33

Se muestra que 84 productores se encuentran en una etapa intermedia ni de acuerdo ni en desacuerdo en que la Stevia uno de sus beneficios es que se puede utilizar para cocinar u hornear, encontrándose en un 75 %, mientras que 20 productores están de acuerdo que se puede utilizar para cocinar u hornear (Tabla 99).

Tabla 99 Frecuencias y porcentaje
¿Sabías que la Stevia uno de sus beneficios es que se puede utilizar para cocinar u hornear?

		Frecuencia	Porcentaje
Válido	2.00	2	1.8
	3.00	84	75.0
	4.00	20	17.9
	5.00	6	5.4
	Tota	112	100.0

Fuente: Elaboración propia de la investigación, 2020.

Se realizó una prueba de hipótesis para verificar uno de los beneficios de la Stevia que se puede utilizar para cocinar u hornear, utilizando 3° de libertad (Tabla 100) y con un nivel de confianza del 95 % existe evidencia significativa para no rechazar la hipótesis alternativa y decir, si se puede utilizar para cocinar u hornear (Gráfica 29).

Tabla 100 Resultados prueba Chi-cuadrada

Gráfica 29 Distribución Chi-cuadrada

N total	112
Estadístico de contraste	155.714
Grados de libertad	3
Sig. asintótica (prueba bilateral)	.000

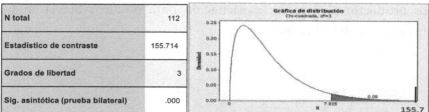

Fuente: Elaboración propia de la investigación, 2020.

I) CAPACITACIÓN

Pregunta 34

Los resultados muestran que 77 productores están de acuerdo en recibir capacitación para la producción de Stevia en su invernadero, encontrándose en un 68.8 %, mientras que 6 productores están totalmente de acuerdo en recibir capacitación, encontrándose en un 5.4 %, llegando a la conclusión de que 83 productores no tienen inconveniente en recibir capacitación para producir Stevia en su invernadero teniendo un porcentaje total de 74.2 % (Tabla 101).

Tabla 101 Frecuencias y porcentaje
¿Qué tan de acuerdo está en recibir capacitación para producir Stevia en su invernadero?

		Frecuencia	Porcentaje
Válido	2.00	9	8.0
	3.00	20	17.9
	4.00	77	68.8
	5.00	6	5.4
	Total	112	100

Fuente: Elaboración propia de la investigación, 2020.

Se realizó una prueba de hipótesis para ver qué tan de acuerdo está en recibir capacitación para producir Stevia, con 3° de libertad (Tabla 102) y con un 95 % de confianza existe evidencia significativa para no rechazar la hipótesis alternativa y decir que están de acuerdo los productores en recibir capacitación para producir Stevia en sus invernaderos (Gráfica 30).

Tabla 102 Resultados de la prueba Chi-cuadrada

N total	112
Estadístico de contraste	118.214
Grados de libertad	3
Sig. asintótica (prueba bilateral)	.000

Gráfica 30 Distribución Chi-cuadrada

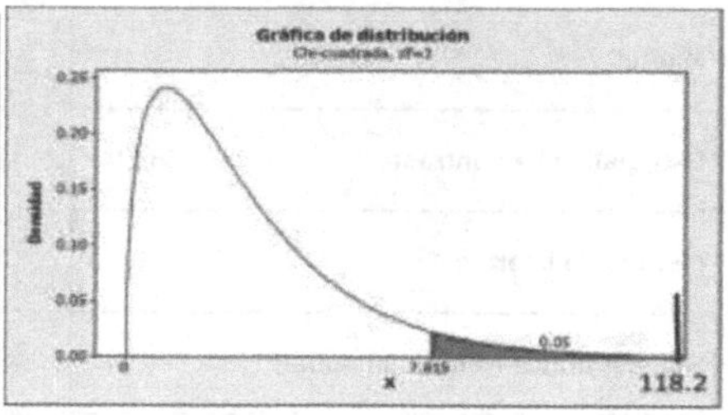

Fuente: Elaboración propia de la investigación, 2020.

Pregunta 35

Los resultados muestran a 85 productores que están de acuerdo en que es necesaria la capacitación, teniendo un 75.9 %, mientras que 8 productores están totalmente de acuerdo, encontrándose con un 7.1 %, lo que equivale a decir que 92 productores consideran necesaria la capacitación, como se muestra en la gráfica correspondiente (Tabla 103).

Tabla 103 Frecuencias y porcentaje
¿Considera necesaria la capacitación?

		Frecuencia	Porcentaje
Válido	2.00	5	4.5
	3.00	14	12.5
	4.00	85	75.9
	5.00	8	7.1
	Total	112	100.0

Fuente: Elaboración propia de la investigación, 2020.

Se realizó una prueba de hipótesis para ver si los productores consideran necesaria la capacitación, con 3° de libertad (Tabla 104) y con 95 % de confianza existe evidencia significativa para no rechazar la hipótesis alternativa y decir, si se considera necesaria la capacitación (Gráfica 31).

Tabla 104 Resultados de la prueba Chi-cuadrada

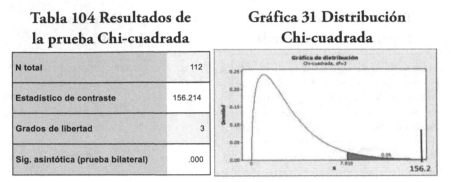

N total	112
Estadístico de contraste	156.214
Grados de libertad	3
Sig. asintótica (prueba bilateral)	.000

Gráfica 31 Distribución Chi-cuadrada

Fuente: Elaboración propia de la investigación, 2020.

Pregunta 36

Los resultados muestran 85 productores están de acuerdo en que la capacitación mejora los sistemas de producción estando en un 75.9 %, mientras que 6 productores están totalmente de acuerdo, lo que equivale a decir que 91 productores están de acuerdo en que se pueden mejorar los sistemas de producción con la capacitación (Tabla 105).

Tabla 105 Frecuencias y porcentaje
¿Qué tan de acuerdo está que con la capacitación se mejoran los sistemas de producción?

		Frecuencia	Porcentaje
Válido	2.00	5	4.5
	3.00	16	14.3
	4.00	85	75.9
	5.00	6	5.4
	Total	112	100

Fuente: Elaboración propia de la investigación, 2020.

Se realizó una prueba de hipótesis para ver si los productores consideran necesaria la capacitación, con 3° de libertad (Tabla 106) y con 95 % de confianza existe evidencia significativa para no rechazar la hipótesis alternativa y decir que con la capacitación se mejoran los sistemas de producción (Gráfica 32).

Tabla 106 Resultados para la prueba Chi-cuadrada

Gráfica 32 Distribución Chi-cuadrada

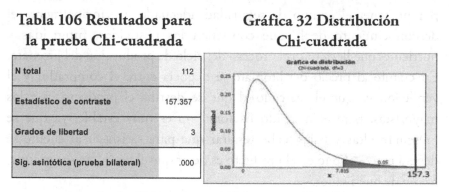

N total	112
Estadístico de contraste	157.357
Grados de libertad	3
Sig. asintótica (prueba bilateral)	.000

Fuente: Elaboración propia de la investigación, 2020.

CONCLUSIÓN: Los resultados mostraron que no hay una planeación para el futuro en los diferentes invernaderos de la Sierra Norte de Puebla, así mismo no existe participación en la aportación de ideas para trabajar con un modelo de planeación estratégica por lo que se trabaja sin planear adecuadamente las diferentes actividades que se llevan a cabo en los mismos, dentro de todo el contexto no existe una estrategia para llevar a cabo sus actividades, por tal motivo el empleado no se da cuenta o desconoce alguna estrategia para realizar su trabajo, el dueño no deja que los empleados participen en aportar información para la planeación de estrategias de trabajo por tal motivo no existe un modelo estratégico de trabajo en los invernaderos.

Se muestra también que la variedad de jitomate que se produce en los diferentes invernaderos y que muchos prefieren es el Saladette Reserva F1 (V81) debido a las características que contiene la semilla y principalmente adaptable a la región, cabe mencionar que la mayor parte de los productores siembra una superficie de 2000 a 3000 m², lo que trae consigo que se produzcan de 21 a 40 toneladas por cosecha, teniendo 2 cosechas por año, de acuerdo con los resultados mostrados en la encuesta se observa también que los productores prefieren germinar su propia plántula de jitomate que comprarla debido a que sale más caro comprarla que su propio germinado, así mismo se observó que los mismos productores están convencidos en la producción de otro tipo de planta o verdura, porque al fumigar tanto el jitomate les está provocando enfermedades por tanta fumigación e inclusive llegan a perder la vida por no tener el equipo de seguridad adecuado y principalmente el desconocimiento de lo que contienen los pesticidas, fungicidas y nutrientes que lleva todo el proceso del ciclo de producción del jitomate. En cuanto al precio del jitomate se negocia entre el comprador y el vendedor, ya que el mercado al que se destina el producto es a los mayoristas, para el mercado nacional no es muy estable, ya que se presentan altas y bajas, cabe resaltar que para satisfacer al cliente se deberá tener calidad en el producto es decir que el producto sea grande, rojo y de buen sabor.

Referente a los recursos humanos, los resultados muestran que no existe una capacitación de algún organismo gubernamental, lo que trae consigo un aprendizaje autodidacta, cabe resaltar que mediante la información que se obtiene de diferentes fuentes se ha implementado la higiene, salud y seguridad de los trabajadores, ya que el mayor uso de mano de obra en los invernaderos de la región se ocupa en la poda y cuidados de la planta.

Con el fin de saber que tanto se conoce sobre la producción de Stevia, los resultados mostraron que muy pocos conocen la Stevia, por lo que la mayor parte de los productores están de acuerdo en producirla en sus invernaderos, ya que la planta no requiere de tantos cuidados como la de jitomate, así mismo los productores consideran que sería un buen producto, ya que en la actualidad casi no se produce en México, además consideran que es fácil producirla siempre y cuando se les indique o asesore en la producción y cuidados de la misma. En cuanto a los beneficios de la planta de Stevia los resultados mostraron que los productores están de acuerdo en que la planta es benéfica para la salud de las personas y principalmente para los que padecen de diabetes, así mismo consideran que se puede utilizar para cocinar u hornear.

Para resumir, los productores sí están de acuerdo en recibir capacitación para la producción de Stevia en sus invernaderos, así mismo consideran que la capacitación es muy importante para hacer mejoras en sus procesos productivos.

CAPÍTULO VI
DESCRIPCIÓN DEL MODELO

El uso de modelos es común en el estudio de toda índole, este capítulo está enfocado a la descripción de cada uno de los elementos que conlleva la propuesta del modelo planteado para la producción de Stevia bajo condiciones de invernadero, el empleo del modelo facilita el estudio de los sistemas, aun cuando estos puedan contener diferentes componentes, el modelo que se presenta es muy útil para describir, explicar o comprender mejor la realidad, cuando puede ser imposible trabajar directamente en la realidad.

6.1. MODELO

Describe cada una de las secciones que componen la propuesta del modelo de planeación estratégica para la producción de Stevia bajo condiciones de invernadero. Por lo que en este estudio se formuló el modelo el cual contiene una serie de secciones que en el mismo entorno de la región interactúan entre sí para utilizar el conocimiento de la ciencia y conseguir beneficios tanto económicos como sociales, los cuales beneficien a la región y al país, como resultado del modelo de planeación estratégica se propone el siguiente modelo (Figura 33).

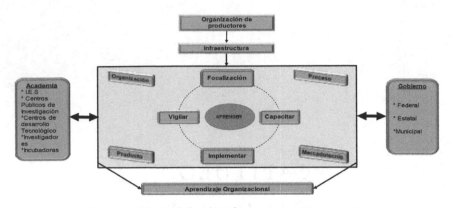

**Figura 33 Modelo de Planeación Estratégica
para la producción de Stevia**
Fuente: Una parte se tomo de Montiel, Huerta Ma. Elizabeth, (2018), Modelo de gestión
de la innovación, p. 148, y la otra parte se propuso de acuerdo a la investigación.

6.2. ORGANIZACIÓN DE PRODUCTORES

El concepto de organización se define como un sistema el cual está diseñado para alcanzar una meta u objetivo el cual está fijado por cada una de las áreas que la integran. Una organización está constituida por un grupo de personas las cuales se comunican entre sí y están dispuestas a actuar en conjunto para el logro de un bien común. En las empresas rurales se debe destacar la importancia del porqué organizarse e identificar plenamente los elementos mínimos que se requieren para poder crearla, el papel que juega en el desarrollo de los productores y sus comunidades, así como las condiciones que han favorecido a que perduren en el tiempo con transparencia y rendición de cuentas (Cedeño & Ponce, 2009).

Como resultado de la investigación se tuvieron un total de 172 productores que cuentan con invernaderos, de los cuales se trabajó con un productor en los diferentes rubros que marca el modelo donde se explicó la función de una organización como se muestra en la (Figura 34) las funciones compartidas a desarrollar dentro de una organización de productores la cual se muestra a continuación:

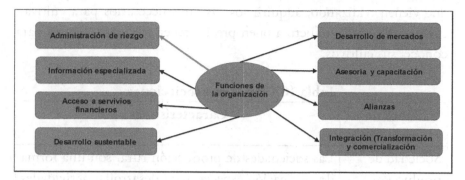

Figura 34 Funciones compartidas de una organización
Fuente: Cedeño & Ponce, (2009), Organización e integración
empresarial de productores rurales, p. 116.

La importancia por parte de los productores de organizarse, se concentra principalmente en aquellas personas que tengan el potencial y las ganas de crecer en los diferentes procesos que les permita integrarse con éxito a su red de valor correspondiente, así como partir del hecho de que el fundamento de una organización es hacer, en conjunto de manera individual. También, lograr acceder a servicios o apoyos diversos según el tipo de organización, unión o asociación, como pueden ser: De acuerdo con el Amparo de la Ley Agraria y se pueden identificar con la comunidad, el ejido, la Unión de Ejidos:

• La sociedad de producción rural (SPR).
• La Unión de Sociedades de Producción Rural (USPR).
• Las Asociaciones Rurales de Interés Colectivo (ARIC).

Las sociedades mercantiles están regidas por la Ley General de Sociedades Mercantiles donde se identificaron:

• Sociedad Anónima (S.A).
• Sociedad Cooperativa (SCoop).

Existen muchas razones por las que los agricultores buscan hacer organizaciones (Tabla 107) en la región o comunidad en que viven, las razones más importantes son: tener beneficios en el quehacer diario que vienen realizando, adquirir los insumos necesarios para cultivar, comercializar su producto a buen precio, tener asistencia técnica para conocer sus cultivos.

Tabla 107 Tipos de asociaciones

Tipos de asociación	Características
Sociedad de producción rural (SPR)	Las sociedades de producción rural son una forma de agrupación especial para desarrollar actividades rurales. Puede sumar esfuerzos con otras personas que se dedican al campo y obtener beneficios para todos. De esta manera, puede incrementar la probabilidad de éxito en la actividad rural que desarrolla. Las sociedades de producción rural tienen por objeto coordinar actividades económicas productivas, de asistencia mutua, comercialización u otras ni prohibidas por la ley, para dar satisfacción a necesidades individuales o colectivas (Márquez, 2012).
Unión de Sociedades de Producción Rural (USPR)	Figura asociativa contemplada y constituida con la unión de dos o más sociedades de producción rural, su objeto es la coordinación de actividades productivas, asistencia mutua, comercialización y otras vinculadas con las operaciones económicas de sus socios. Para su constitución se requiere de la conformidad de cada una de las asambleas de las sociedades que la integrarán, conforme a los estatutos que las rigen. El acta constitutiva de la unión y el estatuto final de la nueva persona moral deberán inscribirse en el Registro Público de Comercio (Ayala, 2019).

Asociaciones Rurales de Interés Colectivo (ARIC)	Personas morales constituidas por dos o más ejidos, comunidades, uniones de ejidos o comunidades, sociedades de producción rural o uniones de sociedades de producción rural, que tienen como característica la integración de los recursos humanos, naturales, técnicos y financieros para el establecimiento de industrias, aprovechamiento, sistemas de comercialización y, en general, cualquier actividad económica (Quintana, 2019).
Sociedad Anónima (S.A)	La sociedad anónima posee una gran cantidad de rasgos que las definen. Cabe recordar que este tipo de sociedades se utiliza para grandes negocios y en ocasiones, grandes estructuras en las que existe una gran distancia entre los socios y los administradores y directivos de la empresa. Por ello, es necesario que se encuentren regulados todos los aspectos sociales, de responsabilidad, los socios, constitución o las Juntas Generales que se producen durante la vida de la empresa (Emprende pyme, 2010).
Sociedad Cooperativa (SCoop)	La sociedad cooperativa es una estructura de propiedad y control organizacional, una manera de plantear una organización en lo que respecta a solucionar los problemas de coordinación y motivación a los cuales se enfrenta un grupo de personas con objetivos en común. En este sentido, se concluye que la sociedad cooperativa corresponde a un modelo que logra ubicar a las personas en el centro del análisis organizacional, que diferencia de otro tipo de organizaciones por el hecho de contar con una serie de valores y principios, pero que logra participar dentro de la economía de mercado junto a su par capitalista (Marcuello & Nachar, 2013).

Redes	Son alianzas que se crean entre empresas pequeñas y medianas (PYMES) con el fin de lograr un interés común. En este mecanismo, cada participante mantiene su independencia jurídica y autonomía gerencial, aunque los participantes acuerdan cooperar, usando los ambientes y métodos adecuados. Estas alianzas son necesarias para las PYMES para poder acceder a las oportunidades que resulta más difícil de alcanzar, si trabajan de manera aislada (Páez, 2019).

6.3. INFRAESTRUCTURA

Es aquella que alude a la parte construida, por debajo del suelo, en las edificaciones, como sostén de las mismas, aplicándose por extensión a todo lo que sirve de sustento o andamiaje para que se desarrolle una actividad o para que cumpla su objetivo la organización (De conceptos, 2019)

Cabe mencionar que en Zacatlán se cuenta con toda la infraestructura para la realización del proceso de producción de la Stevia, para la investigación se utilizó un invernadero de tipo cenital, el cual cuenta con tres naves, riego automático por goteo, calentadores y enfriadores centinela, gas estacionario para temporadas de invierno porque en la zona de Zacatlán es muy necesario que todos los invernaderos cuenten con ese tanque de gas estacionario y 2000 bolsas para el trasplante de la Stevia (Figura 35).

Figura 35 Invernadero de tipo Cenital
Fuente: Elaboración propia de la investigación, propiedad
de la señora Conchita Palafox Peralta **(2020).**

6.4. HERRAMIENTAS DE GESTIÓN

La **gestión** es parte fundamental para que una organización pueda **lograr sus metas y objetivos** de todo tipo. El éxito de cualquier modelo de gestión depende, en primer lugar, de una planificación correcta, para poder ejecutar la misma en necesario una serie de herramientas que permitirán optimizar su desarrollo, encauzándolo en la dirección más adecuada. Las herramientas de gestión más importantes con los que cuentan las empresas son los sistemas y modelos de gestión (ISOTools, 2015).

La herramienta de gestión es un buen apoyo para la innovación sostenible de una organización. Hay una gran diversidad de ellas, las cuales se pueden aplicar a la gestión de la innovación en aspectos concretos y también hay con orientación más holística, fundamentalmente las de autodiagnóstico y mejora continua por medio del aprendizaje, ofreciendo el mercado una amplia gama de técnicas comerciales para todas ellas.

Una posible forma de agrupación de estas herramientas es atender a los distintos objetivos para lo que se va a ocupar. Cotec distingue en la gestión de la innovación cinco objetivos amplios: la vigilancia interna y externa, la focalización, la capacitación, la implantación y la mejora mediante el aprendizaje (Montejo, 2010).

Este punto es importante, ya que aquí parten todas las actividades a realizar en el invernadero por lo que se requirió hacer

uso de una computadora y explicarle al productor paso a paso y de manera sencilla cómo llevar a cabo todo el proceso mediante un formato realizado que le permita desglosar las actividades a realizar dentro del invernadero.

6.5. LA VIGILANCIA

La vigilancia en el modelo se aplicó y explicó de dos formas: la primera por la parte externa en la búsqueda de nuevos mercados que puedan adquirir la Stevia y la segunda utilizando todo lo necesario para el proceso de germinado y cuidados a la misma planta.

La Vigilancia Estratégica, también entendida como Inteligencia Competitiva, es una herramienta de innovación al alcance de cualquier tipo de organización que permite captar información del exterior, analizarla y convertirla en conocimiento para tomar decisiones con menor riesgo y poder anticiparse a los cambios. Para que sea realmente efectiva, la vigilancia se realizó de manera sistemática (captura, análisis, difusión y explotación de la información), permitiendo a la organización estar pendiente sobre las innovaciones susceptibles de crear oportunidades o amenazas e incrementar así su competitividad (Cámara de comercio de España, 2019).

La vigilancia consiste en promover y mantener un estado de alerta permanente para explorar y buscar, en la propia empresa y en el entorno, las señales o indicios de una innovación potencial.

La vigilancia interna se dirige fundamentalmente a la detección de puntos de mejora en las operaciones de la organización. La externa se aplica a tecnologías y mercados para detectar oportunidades de desarrollo y lanzamiento de nuevos bienes, servicios y procesos a partir de la aplicación de tecnología nueva o del estudio de las necesidades de los clientes o también de la observación de las prácticas de los suministradores e incluso de algunos competidores o empresas de otros sectores Montejo (2010). Entre las herramientas de soporte a la vigilancia se tienen los siguientes (Figura 36).

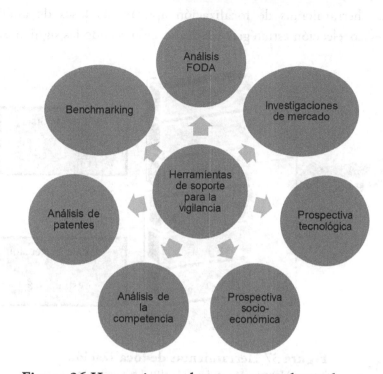

Figura 36 Herramientas de soporte para la vigilancia.
Fuente: Montejo, María, Josefa (2010), La innovación en
sentido amplio: un modelo empresarial, p. 24.

6.6. LA FOCALIZACIÓN

Desarrolla respuestas estratégicas, seleccionando entre las líneas de acción posibles, aquellas que en cada momento brindaron las mayores posibilidades de obtener una ventaja competitiva, sin que signifique la continuidad de las mismas, si varían las condiciones que aconsejaron su elección, (Figura 37). La innovación es una operación dinámica que encuentra con frecuencia oportunidades en la diversificación.

La focalización permite la planificación de los proyectos innovadores y la asignación de prioridades entre ellos, esta es una parte importante, ya que se planeó cada una de las actividades realizadas en el invernadero, partiendo desde la adquisición de la semilla, germinado, cuidados de la planta, poda y corte.

Las herramientas de focalización apoyan las fases de análisis estratégico, elección estratégica y planificación, siendo las siguientes.

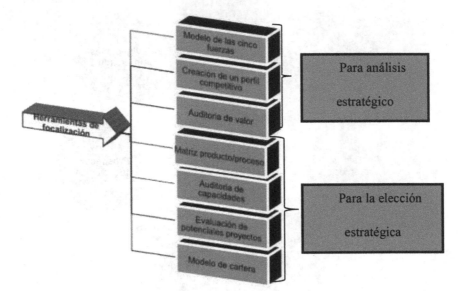

Figura 37 Herramientas de focalización
Fuente: Montejo, María, Josefa (2010), La innovación en sentido amplio: un modelo empresarial, p. 25.

6.7. PROCESO

La Stevia cultivada bajo condiciones de invernadero lleva un valor agregado por los nutrientes que se le suministran para su crecimiento y maduración de la planta, ya que se requiere tener conocimiento de los costos que incurren los productores de Stevia, para saber el rendimiento que genera un invernadero se presenta el siguiente el primer proceso para un ciclo de producción.

En la (Tabla 108) se presenta un estimado de los insumos empleados en el cultivo de Stevia bajo condiciones de invernadero.

Tabla 108 Insumos empleados en la producción de Stevia

Insumo	Unidad	Costo
Semilla	4000 Plantas $1.88 c/u	$ 7,520.00
Nutriente	6 Bolsas $ 180 c/u	$ 1,080.00
Energía eléctrica	(Kw/m²)	$100.00
Agua de sistemas de captación	Sistemas de captación	$ 0.00
Mano de obra	1 (Jornal), $ 130.00 diarios durante 120 días	$ 15,600.00
Asesoría técnica	1 Por mes	$ 0.00
Total		**$ 24,300.00**

Fuente: Elaboración propia de la investigación, 2020.

El proceso es la forma en la que se realizaron las cosas, es decir, una secuencia de pasos a seguir con un resultado en específico iniciando con los insumos a utilizar, a continuación, se explica paso a paso la forma de cómo se germina una planta de Stevia, como se cuida, y su proceso de maduración para llegar al corte final.

6.8. LA CAPACITACIÓN E IMPLANTACIÓN

La capacitación crea o adquiere las competencias, tecnologías y recursos necesarios para poner en práctica la opción elegida

La capacitación incluye la formación en gestión empresarial y tecnológica, así como la práctica de actividades de investigación, de la que se derivan importantes beneficios de conocimiento.

La capacitación requiere además la adquisición de todos los inputs necesarios para poder implantar la innovación: los recursos humanos debidamente calificados para el desempeño de las actividades, las tecnologías involucradas en los procesos y su dominio, los recursos financieros para apoyar el desarrollo del proyecto y él saber hacer propio del negocio y de su entorno, son herramientas características de la capacitación las siguientes (Figura 38).

Figura 38 Herramientas de capacitación
Fuente: Montejo, María, Josefa (2010), La innovación en
sentido amplio: un modelo empresarial, p. 25.

Este punto es uno de los más importantes porque de aquí se deriva
todo el proceso de producción, iniciando con lo que son las actividades
primarias que se dividen en cinco puntos básicos:

1.- Ciclos de producción. Se les programan a los productores tres
ciclos de producción de tres meses y medio cada ciclo, el primero es
en enero y concluye a mediados del mes de abril, el segundo inicia en
mayo y termina a mediados de agosto y el tercero inicia en septiembre
y termina a mediados de diciembre dependiendo del cuidado que se le
dé a la planta.

2.- Logística interna. Para este punto se programa lo relacionado con
la compra, recepción y administración de insumos, así como el acceso
a clientes, tomando en cuenta los ciclos de producción.

3.- Operaciones

1. **Desinfección de charolas y macetas:** Esta es una de las operaciones que se realiza cada que se germina, debiéndose de realizar con cloro y jabón para después enjuagar con suficiente agua, ya que dé no hacerlo se puede infectar a planta de un hongo, o bacteria lo cual provocaría que la planta no germinara o en su caso germinaría con deficiencias, ver (Figura 39).

Figura 39 Desinfección de charolas (semilleros)
Fuente: Elaboración propia de la investigación, 2020.

2. **Colocación del sustrato en las charolas:** Se humedece el sustrato lo suficiente para posteriormente colocar el sustrato en cada una de las cavidades de la charola de manera que todos los orificios queden tapados al ras con el sustrato (Figura 40).

Figura 40 Colocación del sustrato en las charolas (semilleros)
Fuente: Elaboración propia de la investigación, 2020.

3. **Germinado de la semilla:** El 98 % de las personas está de acuerdo en germinar la planta de Stevia, así como el 54 % de las personas están de acuerdo en producir Stevia y 48 % de los productores considera que es fácil el germinado de Stevia, se coloca la semilla en medio de cada uno de los cuadros de la semilla con el uso de un palillo para hacer una cavidad de aproximadamente 4 mm, cubriendo la semilla con sustrato, se tapa con otra charola y se mete en una bolsa negra para acelerar el proceso de germinado (Figura 41).

Figura 41 Germinado de semillas en charola
Fuente: Elaboración propia de la investigación, 2020.

El segundo método fue mediante algodón colocado en un contenedor totalmente desinfectado donde se humedeció el algodón, se colocaron las semillas en todo lo ancho del contenedor, se tapa con una bolsa para acelerar su proceso de germinación, siendo el método deficiente porque no se germinó ninguna de las semillas colocadas en el contenedor (Figura 42).

Figura 42 Germinado en algodón
Fuente: Elaboración propia de la investigación, 2020.

El tercer método consiste en colocar en un contenedor totalmente desinfectado sustrato 100 % desinfectado, humedecerlo y regar las semillas, tapar con una bolsa para acelerar su proceso, siendo nulo su resultado, es decir, no se germinó ninguna de las semillas colocadas en el contenedor con sustrato (Figura 43).

Figura 43 Germinado en charola con sustrato.
Fuente: Elaboración propia de la investigación, 2020.

4. **Trasplante:** Para una superficie de 2000 m² el trasplante lo realizaron 6 personas, mientras que el trabajo que representa el mayor uso de mano de obra es la poda de la planta equivalente a un 92 % (Figura 44).

Figura 44 Trasplante
Fuente: Elaboración propia de la investigación, 2020.

5. **Riego:** La planta de Stevia requiere de mucha humedad en cada uno de sus ciclos de producción por lo que es indispensable contar con suficiente agua, la mayor parte de los productores utilizan riego por goteo mediante un controlador de riego el cual se controla de acuerdo con el número de ciclos de riego por día, dentro del invernadero se cuenta con ciertas válvulas que administran cierta cantidad de líneas, la planta requiere de 1 a 2 riegos por día de 5 min (Figura 45).

Figura 45 Riego
Fuente: Elaboración propia de la investigación, 2020.

6. **Nutriente:** Consiste en la colocación de los nutrientes en su caso, nitrógeno, potasio, calcio, magnesio, azufre, fósforo ya que es muy apropiado para la Stevia y su bajo pH ayuda a mantener el pH del sustrato dentro de los niveles que la planta necesita y que son necesarios para la plántula de acuerdo con el ciclo en el que la planta va, dentro de todo el contexto se le pone también fertilizante biológico o líquido, siendo conveniente no ponerle demasiado, ya que de hacerlo puede llegar a morir la planta.

4.- Prácticas de cuidado

- **Podas**: La poda es muy importantes para el desarrollo y cuidado de la planta, se recomienda realizarla en las mañanas, o últimas horas de la tarde, ya que son de gran importancia para el desarrollo de la planta (Figura 46) no es recomendable realizarla en plena luz del sol, ya que la planta se deshidrataría o se secarían las ramas secundarias y terciarias.

Figura 46 Poda
Fuente: Elaboración propia de la investigación, 2020.

- **Deshoje:** Se debe de deshojar principalmente por aquellas hojas que se encuentran secas y para estimular a la misma planta a crecer brindando una mejor cosecha

- **Cosecha:** Los periodos de floración son cortos cuando las plantas son muy jóvenes, el lapso de tiempo que se da entre cada cosecha se da entre 10 y 80 días (Figura 47).

Figura 47 Cosecha
Fuente: Elaboración propia de la investigación, 2020.

- **Condiciones ambientales:** El invernadero cuenta con un sistema de control manual de temperatura, tanto para regular la temperatura del calor por dentro, como calor para el control del frío por las noches, la estructura del invernadero permite abrir las. ventilas cenitales, cuando se presenta la temperatura alta en el mismo, así mismo en la planta de Stevia es poco probable que existan plagas siempre y cuando se controle el ambiente interno.

Logística externa: La gran mayoría de los productores contacta a los compradores, en este caso cómo es un producto nuevo hay que buscar a nuevos compradores que acudan a los invernaderos con transporte para la compra de la Stevia.

Marketing y ventas: Como la Stevia es un mercado poco conocido en México se tendrá que buscar nuevos mercados donde colocar el producto y poder negociar su venta.

5.- Actividades de soporte

Gestión de recursos humanos: La mano de obra que se utiliza para cubrir 2000 m² para este tipo de cosecha es de 6 personas diarias y en épocas de cosecha aumenta el doble. Las contrataciones no son por medio de un documento más bien son de forma verbal, en cuanto al aprendizaje para este tipo de organización si se requiere de capacitación, el 83 % de las personas están de acuerdo en recibir capacitación, ya que se desconoce el proceso de producción, considerando que el 88 % de los productores está de acuerdo que con la capacitación se mejoran los sistemas de producción.

Desarrollo de tecnología: Los invernaderos de la Sierra Norte de Puebla son de tipo cenital climatizados, con calentadores y enfriadores centinelas, en la actualidad los productores se vinculan con instituciones educativas para recibir capacitación para mejorar sus procesos productivos.

Compras: Las compras para su cultivo son: semillas, fertilizantes (nutrientes), manguera ciega, espagueti, válvulas, conectores, banderillas, arañas, rafia, anillos, etc., este tipo de material es adquirido en tiendas de agroquímicos tales como: Agroquímicos el alcanfor, servicios agrícolas de Aquixtla, S. de R.L., fertilizantes y agroquímicos agrivaz, agro tecnologías Montalvo.

6.9. APRENDIZAJE

El aprendizaje incide en la reflexión sobre los elementos previos y la revisión de éxitos o fracasos, para poder captar el conocimiento pertinente de la experiencia y poderlo reutilizar en el proceso de innovación, introduciendo en él las variaciones y cambios necesarios para su optimización. La (Figura 48) muestra algunas de las herramientas para el aprendizaje y la mejora continua.

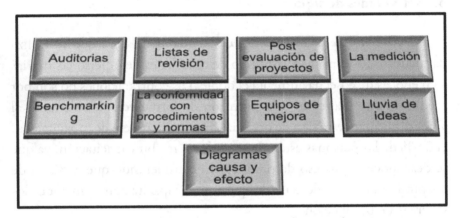

Figura 48 Herramientas para el aprendizaje
Fuente: Montejo, María, Josefa (2010), La innovación en sentido amplio: un modelo empresarial, p. 26.

Las aplicaciones de las herramientas antes descritas se realizaron de acuerdo con la observación e información suministrada en la investigación. Bajo este esquema los productores podrían beneficiarse, así mismo el aprendizaje se dio una vez que se brindó la capacitación e implantación del proyecto en el invernadero.

6.10. ORGANIZACIÓN

Es aquella que se caracteriza por tener personas físicas que la integran conforme a un objetivo económico determinado y que por su tamaño tan pequeño permiten que los socios lleguen a tener relaciones personalizadas, precisas, responsables y de cooperación estrecha (Figura 49).

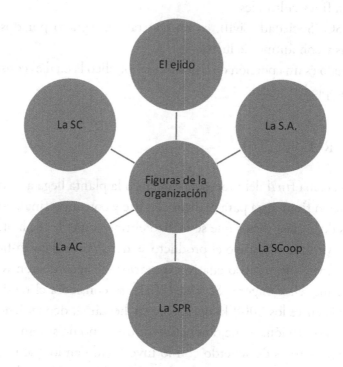

Figura 49 Organización
Fuente: Montejo, María, Josefa (2010), La innovación en
sentido amplio: un modelo empresarial, p. 26.

La S.A. (Sociedad Anónima), es una forma de organización denominada de tipo capitalista la cual se utiliza con grandes compañías, donde el capital se encuentra dividido en acciones lo cual representa la participación de cada socio.

La SCoop (Sociedad Cooperativa), es una sociedad formada por personas físicas que persiguen un fin común, a través de actividades económicas de producción, distribución y consumo de bienes y servicios.

La SPR (Sociedad de Producción Rural), son agrupaciones especiales de personas las cuales desarrollan actividades rurales.

La AC (Asociación Civil), es una entidad privada sin lucro con personalidad jurídica la cual está integrada por personas físicas y que cumplen fines culturales.

La SC (Sociedad Civil), es un contrato integrado por dos o más personas y con ánimo de lucro.

El ejido es una porción de tierra de uso público la cual es considerada como propiedad social.

6.11. PRODUCTO

Es la etapa final del proceso, es cuando la planta llega a su etapa de maduración final, lista para realizar él corte y consumo final, esto se da después de los tres meses que se realizó el trasplante de la planta.

Una vez que se obtuvo el producto se determinó el costo-beneficio en 2000 m² y suponiendo cuatro escenarios, de acuerdo con Ramirez, Avilés, Moguel, Gongora, & May (2011), se considera el rendimiento que oscila entre los 3000 kilogramos por hectárea, dependiendo de la zona de producción, manejo del cultivo, uso o no de sistemas de riego y de otros factores de acuerdo con lo investigado en lo que respecta al costo total por kilogramo de Stevia, y a 600 kg por 2000 m² se obtuvo el siguiente costo beneficio mediante la (Tabla 109).

Tabla 109 Costo beneficio

Concepto	Escenario 1 Precio (kg) ($420)	Escenario 2 Precio (kg) ($365)	Escenario 3 Precio (kg) ($248)	Escenario 4 Precio (kg) ($170)
Ingresos	$252,000.00	$219,000.00	$148,800.00	$102,000.00
Costos totales de insumos	$24,300.00	$24,300.00	$24,300.00	$24,300.00
Utilidad	**$227,700.00**	**$194,700.00**	**$124,500.00**	**$77,700.00**

Fuente: Elaboración propia de la investigación, 2020.

La (Tabla 109) representa los beneficios que un productor puede obtener en un ciclo de producción de Stevia.

Con el fin de determinar y comparar el costo-beneficio de la producción de jitomate con respecto a la Stevia, se considera lo expresado por los productores en lo que respecta al promedio de cosecha en 1000 m^2 (16 toneladas) de jitomate y suponiendo tres escenarios (Tabla 110).

Tabla 110 Costo - benéfico de producción de jitomate en 1000 m^2

Concepto	Escenario 1 Precio (tonelada) ($3000.00)	Escenario 2 Precio (tonelada) ($4000.00)	Escenario 3 Precio (tonelada) ($6000.00)
Ingresos	$48,000.00	$64,000.00	$96,000.00
Costos totales	$60,600.00	$60,600.00	$60,600.00
Utilidad	$12,600.00	$3,400.00	$35,400.00

Fuente: Montiel, Huerta, Ma. Elizabeth (2017), Diseño de un modelo de gestión de innovación para la producción de hortalizas bajo invernadero, p. 145

Con el fin de determinar y comparar el costo-beneficio de la producción de jitomate con respecto a la Stevia, se considera lo expresado por los productores en lo que respecta al promedio de cosecha en 2000 m^2 (32 toneladas) de jitomate y suponiendo tres escenarios (Tabla 111).

Tabla 111 Costo beneficio de producción de jitomate en 2000 m^2

Concepto	Escenario 1 Precio (tonelada) ($3000.00)	Escenario 2 Precio (tonelada) ($4000.00)	Escenario 3 Precio (tonelada) ($6000.00)
Ingresos	$96,000.00	$128,000.00	$192,000.00
Costos totales	$121,200.00	$121,200.00	$121,200.00
Utilidad	$25,200	$6800.00	$70,800.00

Fuente: Fuente: Montiel, Huerta, Ma. Elizabeth (2017), Diseño de un modelo de gestión de innovación para la producción de hortalizas bajo invernadero, p. 145

6.12. MERCADOTECNIA

Son métodos que se utilizan por medio de los cuales se quiere conquistar un mercado con lo cual se quiere satisfacer las necesidades y deseos de los consumidores, en este caso el mercado al que se busca insertar esta planta de Stevia es el de las personas que padecen diabetes y las personas con altos índices de obesidad, principalmente a las industrias que producen tés o productos con Stevia e inclusive se propuso meterlo en las reposterías y pastelerías de modo que sirva para un bajo consumo de azúcar en los productos que elaboran.

6.13. ACADEMIA

Es un órgano colegiado integrado por docentes de universidades productores de conocimientos, impactando en la formación académica y dedicada una parte de su tiempo a la investigación y el desarrollo tecnológico.

Se participó como academia mediante un convenio de colaboración para que dejaran implantar el proyecto en su invernadero y de esta manera generar conocimiento para las personas de la región.

Una institución educativa es considerada como la formadora de personas con un alto grado de responsabilidad, derivado del conocimiento que se adquiere la cual va a formar parte de la sociedad transformando el conocimiento en ciencia y tecnología.

Los centros de investigación públicos desempeñan un importante papel en la generación del conocimiento para la sociedad, con lo cual cumplen con una gran responsabilidad tanto social como económica en las diferentes regiones, convirtiéndose en proveedores y productores del conocimiento, cabe hacer mención que dentro de todo este contexto se pueden formar redes interinstitucionales las cuales sirven para la solución de problemas en las regiones.

Los Centros de Desarrollo Tecnológico "CDT'" son unidades de negocio administradas bajo criterios empresariales, con la infraestructura necesaria para identificar, validar y demostrar tecnologías, proporcionar capacitación y realizar diversas actividades de producción agropecuaria. La transferencia de tecnología se desarrolla a través de diversas actividades tales como: Validación, demostración, divulgación, capacitación, asesoría e información llevándose a cabo en cinco diferentes centros de desarrollo tecnológico teniendo como objetivo principal el proceso de adopción de nuevas tecnologías y mejores prácticas que permitan acelerar e incrementar la eficiencia del desarrollo de los sectores agroalimentario y rural del país (Fideicomisos Instituidos en relación con la Agricultura, 2018).

El investigador es la persona que lleva a cabo un proyecto buscando en esté, el conocimiento mediante el esclarecimiento de los hechos investigados.

Como se ha demostrado los productores de jitomate bajo condiciones controladas en la región de estudio no llevan a cabo las mejoras en sus productos por falta de capacitación que los lleve a mejorar sus productos y procesos, sin embargo se puede llevar a cabo a partir de la transferencia de conocimiento que recibirían por parte de diferentes instituciones educativas y centros de investigación, tales como:

- ITSSNP (Instituto Tecnológico Superior de la Sierra Norte de Puebla)
- ITAT (Instituto Tecnológico del Altiplano de Tlaxcala)
- ITSLP (Instituto Tecnológico Superior de Libres Puebla)
- UACH (Universidad Autónoma de Chapingo)
- URBUAPTO (Unidad Regional de la Benemerita Universidad Autonóma de Puebla, en Tetela de Ocampo)
- INIFAP (Instituto Nacional de Investigaciones Forestales, Agrícolas y Pecuarias)
- COLPOS (Colegio de Posgraduados Campus Puebla)
- CITAP (Centro de Innovación Tecnológica en Agricultura Protegida)

Juegan un papel importante las interacciones entre instituciones académicas, los organismos públicos y privados con el sector productivo ya que se genera conocimiento que se puede divulgar, para el desarrollo de diversos productos con un alto valor agregado.

Es imperiosa la necesidad de integrar la academia con los diferentes sectores productivos de la sociedad, con el fin de mejorar la competitividad en función del conocimiento que aporta la universidad, con teoría e investigación aplicada, y los conocimientos prácticos que se adquieren a través del quehacer de las organizaciones. Las alianzas Universidad – Organizaciones Productivas darán como resultado un avance significativo hacia la competitividad, con conocimientos pertinentes y la redefinición de la organización para la construcción de verdaderas relaciones de valor con la sociedad que conforman, brindando alternativas de crecimiento y desarrollo humano, organizacional, regional y nacional (Pérez & Cortes, 2007).

6.14. GOBIERNO

El gobierno en México se presenta en tres niveles: federal, estatal y municipal, estos tres desarrollan sus funciones continuamente entre sí, de diversas formas económicas, administrativas y legislativas, cada uno en diferente esquema de gobernar, cada nivel se encuentra dividido para el ejercicio de sus funciones en tres poderes: ejecutivo, legislativo y judicial. En el caso de SAGARPA es una dependencia que pertenece al Poder Ejecutivo Federal, entre los objetivos principales que persigue es propiciar el ejercicio de una política de apoyo que permita producir mejor, aprovechar mejor las ventajas comparativas del sector agropecuario, así como integrar las actividades del medio rural a las cadenas productivas del resto de la economía y estimular la colaboración de las organizaciones de productores con programas y proyectos propios.

Un gobierno estatal es una unidad institucional el cual ejerce algunas funciones de administración en un nivel inferior a la administración central, puede tener un nivel de autonomía política, o estar sujeto al control directo del gobierno federal, los deberes del gobierno del estado son los siguientes:

AGRICULTURA: El gobierno estatal presta el apoyo a los agricultores, incluida la investigación sobre las mejores prácticas agrícolas, prevención de enfermedades y ayuda financiera en caso de desastres tales como inundaciones o sequías.

EDUCACIÓN: El gobierno es responsable de la educación de sus residentes y proporcionar un sistema de educación pública, así como la supervisión del funcionamiento de las escuelas privadas.

SUMINISTRO DE ELECTRICIDAD Y GAS: Las empresas propiedad del gobierno provee electricidad y gas a la población, grandes centrales eléctricas hacen la electricidad, que se lleva a diferentes lugares donde se necesita, el suministro de electricidad.

SALUD: Los hospitales, las ambulancias y los servicios comunitarios de salud son proporcionados por el gobierno del estado.

ORDEN PÚBLICO: El gobierno de estado también es responsable de establecer y mantener la ley y el orden a través de la policía y los tribunales (Sitio informativo de los gobiernos, 2018).

Por otra parte, los gobiernos municipales, son órganos que elige la ciudadanía, los cuales tienen la competencia para ejercer funciones ejecutivas y administrativas las cuales corresponden al tercer nivel político administrativo de gobierno, así como definen la forma de dar cumplimiento a los cometidos y funciones que el gobierno departamental le asigne por decreto o se incorporen por ley, así mismo el gobierno municipal se encarga de elaborar y presentar un plan presupuestal de tal manera que ellos mismos lo ejecuten y administren de conformidad con las disposiciones vigentes.

Los gobiernos locales, por su parte, aún desempeñan un papel secundario en la promoción de redes, salvo en Guanajuato y Jalisco, donde se han preocupado por incorporar el conocimiento a los procesos productivos. La participación de un gobierno local en el desarrollo de capacidades regionales se convierte así en un factor importante para impulsar o poder frenar la construcción de redes.

Los actores institucionales mixtos o instituciones de interface, conformados con la participación de los gobiernos estatales, empresarios y/o productores y centros de investigación y/o universidades, juegan un papel muy relevante en la construcción de redes. Primeramente, porque se convierten en traductores y promotores de proyectos específicos, en segundo plano porque en su seno se definen necesidades tecnológicas de los usuarios, en tercer lugar por la construcción de fideicomisos con recursos provenientes de las tres partes para apoyar proyectos de investigación que respondan a los intereses comunes, finalmente cabe mencionar que las redes están conformadas por relaciones interinstitucionales en el marco de una misma hélice, es decir, se trata de interacciones que se construyen entre los mismos centros de investigación o entre las mismas empresas, y por relaciones interinstitucionales, entre actores (instituciones) pertenecientes a diferentes hélices, es decir, entre empresas y centros de investigación, entre centros de investigación y el gobierno (De Gortari, Luna, Santos, & Tirado, 2001).

6.15. APRENDIZAJE ORGANIZACIONAL

El principal desafío para las organizaciones hoy en día, es la creación de una cultura y un clima que facilite el aprendizaje organizacional, este aprendizaje se está llevando a cabo una vez que el individuo es capaz de desarrollar su potencial a favor de los intereses de la organización como del mismo.

Bajo esta perspectiva, el conocimiento se crea a partir del aprendizaje como elemento facilitador en la promoción de una organización inteligente, destinada a desarrollar las condiciones necesarias para viabilizar no solo su generación, sino la construcción de una cultura que desarrolle las competencias individuales y colectivas para identificar, tanto el conocimiento acumulado como el potencialmente relevante, en la consecución de la tan anhelada ventaja competitiva que requiere la sociedad actual. Sin embargo, esta mirada podría ser reduccionista en el sentido de mirar con atención solamente los mecanismos para reunir dichos conocimientos y no reinventarlos, a través de la participación activa de los integrantes de la organización en la adquisición, asimilación y transferencia de conocimiento como resultado de las relaciones que estos establecen con el contexto y de la interacción social que supone el aprendizaje mismo (Angulo, 2017).

Todo lo anterior conlleva una estructura de información, cualidades, capacidades, actitudes, destrezas y demás atributos estratégicos que permiten el desempeño satisfactorio cuando se presentan circunstancias complejas, exigiendo de tal manera a las organizaciones, la construcción de conocimientos significativos útiles para su desarrollo tanto estructural como humano.

Este aprendizaje se dio dejando que las personas aportaran todos sus conocimientos en cuestiones de germinado de la planta en los cuidados que se le debe de dar a la misma.

CAPÍTULO VII

CONCLUSIONES Y RECOMENDACIONES

7.1. CONCLUSIONES

La planta de Stevia es un cultivo muy rentable pues la misma presenta condiciones promisorias, ya que aguanta temperaturas bajas de -4° y altas de 40° en la zona de la Sierra Norte del Estado de Puebla, en Zacatlán, es muy interesante observar cómo el consumo de esta planta, ya sea como hierba o como productos industrializados derivados de esta especie vegetal, está destinado a sustituir el mercado en los distintos usos en edulcorantes sintéticos tales como las sacarinas, aspartamo, esplenda, advantame, el consumo en exceso del azúcar de caña o sacarosa acarrea efectos nocivos para la salud humana, por lo que se estima que en un futuro no muy lejano la planta de Stevia se destine a competir con ellas por un mercado mundial.

En cuanto a la producción mundial de Stevia en el mundo, la superficie sembrada se sitúa alrededor de las 30,000 hectáreas, de las cuales 25,000 estaban sembradas en la República Popular China, el segundo lugar lo ocupa Paraguay con 800 hectáreas. El volumen de producción mundial asciende entre 100,000 y 200,000 toneladas de hoja seca siendo los principales productores China, con un 75 % de la producción mundial y Paraguay con 8 %, en México por las condiciones de precipitación y costos donde se puede sembrar Stevia se reporta solo una hectárea de temporal en el 2014 en Veracruz teniendo un rendimiento de 1.3 toneladas por hectáreas de hoja seca el cual se considera como muy bajo.

Una de las principales herramientas que se recomienda a considerar en la mejora en rendimientos agrícolas son los invernaderos, ya que la estructura con la que se encuentra diseñada permite proteger más los cultivos de manera más controlada, ya que permite un mejor control del ambiente dentro del invernadero y la producción se puede dar en cualquier temporada del año. El mayor número de hectáreas de cultivo bajo condiciones controladas se encuentra en, China, Corea del Sur y España los cuales ocupan el 1°, 2° y 3er lugar, México alcanzó la séptima posición de importancia en 2011. Los Estados de la República Mexicana más representativos con superficie (hectáreas) de invernadero son Estado de México, Chiapas, Michoacán, Puebla, Sinaloa y Sonora. En el estado de Puebla los tres primeros municipios con unidades de producción de invernadero lo ocupan San Salvador el Verde, Tétela de Ocampo y Aquixtla, cabe hacer mención que estos dos lugares son los mayores productores de jitomate bajo condiciones controladas.

En el contexto institucional se cuenta con varios organismos los cuales tienen la función de tratar funciones de tipo colectivo pertenecientes a la parte agrícola y principalmente porque forman parte de la carrera de Ingeniería en innovación agrícola sustentable en el ITSSNP, tal es el caso de instituciones internacionales como la (FAO) Food and Agriculture Organization Organización para la Alimentación y la Agricultura, Fideicomiso de Riesgo Compartido (FIRCO), Servicio Nacional de Sanidad, Inocuidad y Calidad Agroalimentario (SENASICA), Colegio de Posgraduados (COLPOS), Universidad Autónoma de Chapingo (UACH), y el Sistema Nacional de Investigaciones y Transferencia de Tecnología para el Desarrollo Rural Sustentable (SNITT).

En cuanto a los objetivos planteados en la investigación, se presentan las siguientes conclusiones.

Conclusión referente al objetivo general

Desarrollar un Modelo Estratégico para la producción del cultivo de Stevia bajo condiciones de invernadero en la Sierra Norte de Puebla con el fin de favorecer el conocimiento de los productores de la región, contribuyendo a un incremento de su productividad y propiciando una cultura hacia el cambio y la mejora en sus procesos.

De acuerdo con los resultados obtenidos se identificaron ciertas características de los cultivos de hortalizas bajo condiciones de invernadero que utilizaron los productores de la Sierra Norte de Puebla, sirviendo como base para poder desarrollar el modelo estratégico para la producción y cultivo de Stevia y de esta manera determinar las variables que debe de tener el modelo. El grado en el que se tecnifican los invernaderos es muy bajo, ya que no hay nadie quien los apoye en ese contexto es decir ellos lo realizan, lo cual repercute en sus sistemas de producción. Por tal razón se propone y describe el modelo estratégico para la producción y cultivo de Stevia bajo condiciones de invernadero el cual servirá como base para empezar un nuevo proceso de producción en beneficio del productor de la Sierra Norte de Puebla.

Conclusiones relativas a los objetivos específicos

- *Determinar cuáles son las actividades que desarrollan los productores de la región, bajo condiciones de invernadero, mediante un diagnóstico.*

De acuerdo con la información obtenida en la aplicación del cuestionario las actividades que desarrollan los productores bajo condiciones de invernadero en las comunidades de estudio son:

Una de las principales actividades que desarrollan los productores, es germinar y producir su propia planta de jitomate, dando como resultado el 98 % de los productores germinan su propia planta de jitomate. La variedad de jitomate que más se produce en la región es la RESERVA F1 (V81) con un 64.3 %. La superficie que se siembra es de 2000 m² a 3000 m² con 52.7 % el volumen de producción por cosecha es de 21 a

40 toneladas con un 47.3 %. En algunos casos se tienen dos cosechas por año con un 79.5 %, pero la mayor parte de las veces se tiene una cosecha lo cual equivale al 20.5 %. Cabe mencionar que el precio se trata entre comprador y vendedor con un 71.4 %, mientras que un 9.8 % se fija basándose en la competencia que se tiene entre los mismos productores de la región, cabe resaltar que el mercado al cual se destina el producto final es al mercado Nacional mayorista con un 95.5 %.

- *Revisar los modelos de Planeación Estratégica para determinar el óptimo a emplear o uno propuesto.*

Se revisaron diferentes modelos de Planeación Estratégica, donde se realizó un análisis de los mismos lo cual permitió identificar en algunos modelos como se implantaron y evaluaron estrategias para el logro de los objetivos corporativos, así mismo se revisaron modelos donde se realizaron diagnósticos tanto internos como externo y a partir de esto se define el tipo de organización, en el caso de los modelos en las empresas familiares es identificar recursos y exigencias de los diferentes procesos que se desarrollaron tanto en el ámbito familiar como corporativo los cuales siempre favorecerán a la empresa familiar, la falta de preparación de las personas para la sucesión tanto en la propiedad como en la administración son la causa del corto ciclo de vida de una empresa familiar enmarcándose como un modelo de sucesión.

El modelo estratégico crea un ambiente propicio para el aprendizaje, retoma experiencias con base en la memoria de la organización derivada de las vivencias pasadas. Existen diferentes modelos de gestión por lo tanto no se aprovechó el poder de las redes para inducir cambios basados en conocimientos que generen riqueza en el sector agrícola, la planeación estratégica de un modelo indica con mucha exactitud tanto un diagnóstico a un problema como a una solución al mismo.

- *Crear modelos de trabajo para la producción de Stevia.*

De acuerdo con la información obtenida, se realizaron tres tipos diferentes de germinado de semilla de Stevia, siendo el 1.- Primer método el de germinado en un semillero de 200 cavidades, el 2.- Método en un contenedor totalmente desinfectado con algodón totalmente humedecido y el 3.- Método en un contenedor con sustrato, dentro de los cuales el método que presento mejores resultados fue el germinado en charola con 200 cavidades, de las cuales 197 se germinaron y 3 no.

- *Definir los elementos del modelo.*

Se definieron cada uno de los elementos que integra el modelo, en este se toman en cuenta algunos estudios realizados los cuales han mostrado la interacción que se tiene entre el grupo de productores lo cual sirvió para aprender a trabajar en equipo e inclusive para la gestión de un beneficio.

Se considera la participación de la academia, el gobierno y los elementos que integran el aprender para fomentar un aprendizaje Organizacional el cual permite una vinculación entre disciplinas y conocimientos el cual tiene un papel estratégico muy importante en las organizaciones los cuales son beneficiados principalmente para el sector primario.

- *Implantar el modelo propuesto brindando ciertas estrategias de trabajo.*

Se implantó el modelo mediante una capacitación a los diferentes productores de la región, así como se les explicaron los diferentes métodos de trabajo para su aplicación, cabe mencionar que se presentaron los insumos empleados equivalentes a $ 24,200.00 y su costo beneficio, presentados en cuatro escenarios, beneficiando al productor del sector primario en su totalidad.

- *Analizar y medir el modelo para la producción de Stevia.*

Se analizó el modelo de manera que se detalló cada uno de los puntos que marca el modelo, así como se midió y se determinó la capacidad de producción teniendo un total donde se determinó un costo beneficio por tan solo 2000 m² donde se produjeron 600 kg de Stevia planteándose cuatro escenarios en beneficio del productor.

7.2. RECOMENDACIONES

De las conclusiones mencionadas con anterioridad, se derivan las siguientes recomendaciones.

Tomando en cuenta el Modelo Estratégico para la producción del cultivo de Stevia bajo condiciones de invernadero surge la necesidad, de que los productores trabajen en equipo conjunto para fortalecer más sus sistemas de producción para así cumplir el objetivo que se persigue.

Se recomienda también a los productores la disponibilidad para realizar un trabajo en conjunto con las universidades en este caso academias y el gobierno con el fin de generar el conocimiento e investigación en beneficio de ellos mismos.

Cabe mencionar que el trabajo en conjunto principalmente con la academia y con el gobierno propicia la generación de financiamiento lo que consigo el acceso a adquirir nuevas tecnologías para la generación de nuevos productos y procesos, así como la generación de nuevos conocimientos y una tecnificación adecuada de sus procesos productivos.

REFERENCIAS

(14 de 05 de 2018). Obtenido de http://www.elclima.com.mx/contacto. htm

A. (12 de 2017). *concepto.de*. Obtenido de http://concepto.de/modelo/

Adlercreutz, E., Huarte, R. D., López, A., Enrique, M., Szczesny, A., & Liliana, V. (2014). *Producción Horticola Bajo Cubierta*. Buenos Aires: INTA.

Agrícolas, N. (24 de Noviembre de 2015). Obtenido de http://www.novedades-agricolas.com/es/blog/articulos/item/1382-cultivos-invernadero-hortalizas

agricolas, N. (2016). *Novedades Agrícolas S.A.* Obtenido de http://www.novedades-agricolas.com/es/venta-invernaderos-novedades/tipos-de-invernaderos

AGROPINOS. (31 de Octubre de 2016). *Distribuidores de plasticos para invernadero*. Obtenido de https://www.agropinos.com/historia-del-invernadero-para-cultivos

Aguilera, R. M. (2013). Identidad y diferenciación entre Método y Metodología. *Estudios politicos (México)*, 11.

Alterna, V. (14 de Mayo de 2018). Obtenido de http://www.elclima.com.mx/contacto.htm

Álvarez, I. (2002). *Planificación y desarrollo de proyectos sociales y educativos*. México: Limusa.

Angulo, R. (2017). Gestión del conocimiento y aprendizaje organizacional: una visión integral. *Informes psicologicos, vol. 17 No. 1*, 53-70.

Anzil, F. (6 de 02 de 2018). *Zona economica*. Obtenido de Zonaeconomica. com: www.zonaeconomica.com/planeacion

Apolo. (22 de 02 de 2017). *INADEM*. Obtenido de http://www.wipo. int/patents/es/

Aranda, G. I., Barbosa, M. E., Toraya, A. R., Segura, C. M., Moguel, O. Y., & Betancur, A. D. (2014). SAFETY ASSESSMENT OF STEVIA REBAUDIANA BERTONI GROWN IN SOUTHEASTERN MEXICO AS FOOD SWEETENER. *NUTRICIÓN HOSPITALARIA*, 594-601.

Aranda, G. I., Segura, C. M., Moguel, O. Y., & Betancur, A. D. (2014). Stevia rebaudiana Bertoni: a potential adjuvant in the treatment of diabetes mellitus. *Journal of Food*, 218-226.

Araya, A. (2011). *La sucesión de empresas familiares costarricences: factores de éxito y fracaso. Tesis Doctoral.* España: Universidad de Valencia, España.

Ayala, A. (28 de julio de 2019). Obtenido de https://mexico.leyderecho. org/union-de-sociedades-de-produccion-rural/

Balonch, J., Khan, M., Zubair, M., & Munir, M. (2009). Effects of different photoperiods on flowering time of facultative long day ornamental annuals. *International Journal of Agriculture Biology*, 251-256.

Bastida, A. (2008). *Los invernaderos en México*. México: Universidad Autónoma Chapingo .

Bastida, A. (2013). *Los invernaderos y la agricultura protegida*. México: Universidad Autonoma de Chapingo.

Bastida, T. A. (2017). Evolución y SituaciónActual de la Agricultura Protegida en México. *Ciencias Básicas y Agronomicas*.

Bracamonte, L., Arreola, G. B., Osorio, J. M., & Martin, T. J. (2013). MODELO DE PLANEACIÓN ESTRATÉGICA PARA LAS MICROEMPRESAS. *Global Conference on Bussines and Proceedings, Vol. 8, Number 2*, 1661-1664.

Cámara de comercio de españa. (30 de 07 de 2019). *https://www. camara.es/innovacion-y-competitividad/como-innovar/vigilacia-estrategica*. Obtenido de https://www.camara.es/innovacion-y-competitividad/como-innovar/vigilacia-estrategica

Campuzano, C., Echeverria, V., Dueñas, L., & Niño, C. (2009). *Nuevas oportunidades para la Stevia. Tendencias Internacionales. Pro exporta*. Bogotá Colombia.

Castañeda, M., Rodrigo, V., Ramos, E., & Peniche, V. (2007). Análisis y simulación del modelo físico de un invernadero bajo condiciones climáticas de la región central de México. *Agrociencia*, 317-335.

Castellanos, J. (2008). *Manual de Producción en Invernadero*. Celaya.

Cedeño, S. R., & Ponce, G. M. (2009). Organización e integración empresarial de productores rurales. *Estudios agrarios*, 111-123.

Cervantes, M. A. (21 de Mayo de 2018). *InfoAgro*. Obtenido de http://www.infoagro.com/industria_auxiliar/estructuras_invernaderos.htm

Chiavenato, I. (2011). *PLANEACIÓN ESTRATÉGICA, FUNDAMENTOS Y APLICACIONES*. México: Mc. Graw Hill.

Cifuentes, H. (2013). *Enraizamiento in vitro y aclimatación de Stevia rebaudiana B. Tesis de Ingeniero Agrónomo*. Universidad de Zamorano.

CONEVAL. (2010). *MEDICIÓN MULTIDIMENCIONAL DE LA POBREZA*. PUEBLA.

Contreras, R. E. (2013). THE CONCEPT OF STRATEGY AS A BASIS FOR STRATEGIC PLANING. *Pensamiento y gestión, No.35*, 152-181.

costa, a. (2017). Obtenido de http://www.agrocosta.cl/pdf/FICHA%20 TECNICA%20DE%20INVERNADEROS.pdf

COTEC. (21 de Julio de 2009). *Interempresas*. Obtenido de http://webcache. googleusercontent.com/search?q=cache:bLFTTrzNPSAJ:www. interempresas.net/Agricola/Articulos/32915-La-agricultura-bajo-plastico-en-Espana.html+&cd=1&hl=es&ct=clnk&gl=mx

Cruz, M., & Mayrén, P. (2014). The Primary Sector and Economic Stagnation in Mexico. *Scielo Analytics*, 1-33.

D.Leonard, Timothy, M., & William, J. (1998). *PLANEACIÓN ESTRATÉGICA APLICADA*. Colombia: Mc Graw Hill.

De conceptos. (3 de 08 de 2019). *https://webcache.googleusercontent.com/ search?q=cache:uK4r1pizNvYJ:https://deconceptos.com/ciencias- sociales/infraestructura+&cd=16&hl=es-419&ct=clnk&gl=mx*. Obtenido de https://webcache.googleusercontent.com/search?q= cache:uK4r1pizNvYJ:https://deconceptos.com/ciencias-sociales/ infraestructura+&cd=16&hl=es-419&ct=clnk&gl=mx

De Gortari, R., Luna, M., Santos, M., & Tirado, R. (2001). *LA FORMACIÓN DE REDES DE CONOCIMIENTO*. España: Anthropos.

De la Rosa, Ayuzabeth; Lozano Oscar. (2010). *GESTIÓN Y ESTRATEGIA No. 3*, 61-77.

De Paula, D., Simanca, S., Pastrana, P., Carmona, B., & Lombana, G. (2010). Condiciones de utilización del esteviósido en la elaboración de mermeladas de guayaba dulce (Psidium guajava L.). *Asociación Colombiana de Ciencia y Tecnología de Alimentos. No.21*, 1-12.

Dejun, J. (2017). *China Patente nº CN106613958A*.

Efeagro. (25 de Enero de 2018). *Fruit Today*. Obtenido de http:// webcache.googleusercontent.com/search?q=cache:vzQEyfP6_ P0J:fruittoday.com/espana-es-el-segundo-pais-del-mundo- en-superficie-de-invernaderos/+&cd=21&hl=es&ct=clnk&gl =mx

Emprende pyme. (13 de enero de 2010). Obtenido de https://www. emprendepyme.net/caracteristicas-de-las-sociedades-anonimas. html

Enciclopedia de Clasificaciones, "Tipos de planes". (2017). Obtenido de http://www.tiposde.org/cotidianos/678-planes/

Enciclopedia Online. (04 de 2019). *Concepto de metodología*. Obtenido de https://concepto.de/metodologia/

Explorable. (9 de Abril de 2019). Obtenido de https://explorable.com/ cronbachs-alpha

Fernández, C., & Villalobos, E. (2013). *México Patente n°
MX20120003093.*

Fideicomisos Instituidos en Relación con la Agricultura. (1 de Mayo de
2018). *Acciones y programas.* Obtenido de https://www.gob.mx/
fira/acciones-y-programas/centros-de-desarrollo-tecnologico

FIRCO. (28 de Nobiembre de 2016). *BLOG.* Obtenido de https://
www.gob.mx/firco/articulos/el-cultivo-bajo-invernadero-
detona-proyectos-competitivos-con-calidad-exportacion?
idiom=es

Fred R., D. (2008). *CONCEPTOS DE ADMINISTRACIÓN
ESTRATEGICA.* México: Pearson Educación.

Fuentes, T., & Luna, M. (2011). ANÁLISIS DE TRES MODELOS
DE PLANIFICACIÓN ESTRATÉGICA BAJO CINCO
PRINCIPIOS DEL PENSAMIENTO COMPLEJO. *REDIP.
UNEXPO.VRB,* 118-134.

Galaviz, J. V., Moreno, J. M., Cavazos, J., De La Rosa, P., & Sánchez, A.
P. (2013). *Estratégias de Integración de la Cadena Agroalimentaria
en Tlaxcala a partir de la Calabaza de Castilla (Cucúrbita pepo
L.).* España: Palibrio.

Ganaderia, M. d. (1996). *Producción de Ka'a He'e.* República de
paraguay: Asunción.

Gantait, S. D., Arpita, M., & Nirmal. (2015). Stevia: A Comprehensive
Review on Etnopharmacological Properties and in vitro
Regeneratión. *Sugar Tecnology,* 95-106.

George, D., & Mallery, P. (2003). *SPSS for Windows step by step: A
Simple Guide and Reference. 11 Update (4a ed.).* Boston: Ayllyn
and Bacon.

Gómez, M. d. (2016). Organizational learning model to boost municipal
competitiveness. *Pensamiento y gestión,* 1-30.

Gonzales, M. A. (2011). Aproximación a la comprensión de un
endulzante natural alternativo, la Stevia rebaudiana Bertoni:
producción, consumo y demanda potencial. *Agroalimentaria,*
305-311.

Gonzalez, H. (25 de Agosto de 2016). *Calidad y Gestión.* Obtenido de
https://calidadgestion.wordpress.com/tag/gap-analisis/

Goyzueta, S. I. (2013). Management model for the family businesses
that assures growth, stability long-term life cycle. *Perspectivas,*
87-132.

Harold, K. H. (1998). *Administración Una perspectiva global.* México:
Mc Graw-Hill.

Henao, L. J., & Diego, C. (2016). ICT STRATEGIC PLAN
FOR RESEARCH GROUP IN MANAGEMENT
OF TECHNOLOGY AND INNOVATION AT THE
UNIVERSIDAD PONTIFICA BOLIVARIANA. *Gestión de
las personas y tecnologia,* 81-93.

Hernández, S. R., Fernándes, C. R., & Baptista, L. M. (2014).
Metodología de la investigación. México: McGraw Hill.

Herrera, F. G. (2012). *El cultivo de Stevia (Stevia Rebaudiana) Bertoni
en condiciones agroambientales de Nayarit, México (SAGARPA),
(Inifap).* Nayarit: Prometeo Editores, S.A. de C.V.

Hidroponia. (24 de Noviembre de 2016). Obtenido de http://hidroponia.
mx/principales-caracteristicas-de-la-casa-sombra/

horticultivos. (30 de Abril de 2016). Obtenido de https://webcache.
googleusercontent.com/search?q=cache:T35KhIGOAuwJ:
https://www.horticultivos.com/agricultura-protegida/
produccion-casa-sombra-vs-invernadero/+&cd=3&hl=es&ct=c
lnk&gl=mx

HortiCultivos. (26 de Julio de 2017). Obtenido de https://www.
horticultivos.com/featured/principales-tipos-invernaderos/

INEGI. (2005). *Resultados preliminares del Censo Agropecuario en el
Estado de puebla.* Puebla.

INEGI. (30 de 12 de 2009). Obtenido de mapserver.inegi.org.mx/
mgn2k/

INEGI. (2010). *Censo nacional de población y vivienda.* Puebla.

INEGI. (04 de 01 de 2014). Obtenido de de división territorial del
estado de Puebla de 1810 a 1995 http://www.inegi.org.mx/

prod_serv/contenidos/espanol/bvinegi/productos/integracion/ pais/div i_terri/1810-1985/pue/PUEBLA.pdf

Inifap. (2011). *Reporte Anual 2011 Ciencia y Tecnología para el campo mexicano.* México: Impresos Luna Flores.

INIFAP. (2014). *Tecnología de Producción. Cultivo de stevia rebaudiana, Bertoni, Bajo Condiciones de Riego. Centro de Investigaciones Regional Sureste. Instituto Nacionalde Investigadores Forestales, Agricolas y Pecuarias.* Mérida, Yucatán.

inifap. (6 de Octubre de 2015). Obtenido de http://www.inifapcirne.gob. mx/Eventos/2015/NOPAL%20EN%20MICROTUNELES. pdf

INVERNADEROS, M. (27 de Octubre de 2016). *INVERNADERO.* Obtenido de https://grupomsc.com/blog/invernadero/ el-origen-de-los-invernaderos

ISOTools. (27 de Abril de 2015). *https://www.isotools.org/2015/04/27/ principales-herramientas-de-gestion-empresarial-funcionamiento- y-caracteristicas/.* Obtenido de https://www.isotools. org/2015/04/27/principales-herramientas-de-gestion- empresarial-funcionamiento-y-caracteristicas/

Jaen, A. (2014). Stevia Tesoro guaraní. *VIDA &ESTILO,* 60-61.

Jarma, A., Cardona, C., & Fernández, C. (2012). Efecto de la temperatura y radiación en la producción de glucócidos de esteviol en Stevia rebaudiana en el caribe húmedo colombiano. *U.D.C.A. Actualidad y Dibulgación Científica* , 339-347.

Juárez, L. P., Bugarín, M. R., Castro, B. R., Sánchez, M. A., Cruz, C. E., Juárez, R. C., . . . Balois, M. R. (2011). Estructuras utilizadas en la agricultura protegida. *Fuente,* 21-27.

Juárez, L. P., Bugarín, M. R., Castro, B., Sánchez, M. A., Cruz, C. E., Juárez, R. C., . . . Balois, M. R. (2011). Estructuras utilizadas en la agricultura protegida. *Fuente,* 21-27.

K., M. (1953). *Libertad, poder y planificación democrática.* México: Fondo de Cultura Económica.

Katarzyna, M., & Zbigniew, K. (2015). Stevia rebaudiana Bertoni: propiedades promotoras de la salud y aplicaciones terepéuticas. *Journal fur Verbraucherschutz und Lebensmittelsicherheit*, 3-8.

Ketkar, S., N., P. R., & Verville, J. (2012). The impact of individualism on buyersupplier relationship norms, trust and market performance: An analysis of data from Brazil and the U.S.A. International Business Review, http://doi.org/10.1016/j.ibusrev.2011.09.003. *Culcyt*, 782-793.

Kotler, P., & Amtrong, G. (2000). *Mercadotecnia*. México: Prentis Hall.

Landero, H. R., & González, R. M. (2011). *Estadística con SPSS y Metodología de la Investigación*. México: Trillas.

Lerma, A. E., & Bárcena, S. (2012). *PLANEACIÓN ESTRATÉGICA POR ÁREAS FUNCIONALES*. México: Alfaomega.

Lin, P. (2018). *China Patente nº CN108738776 (A)*.

Lopez, M. E., Gil, R. A., & Angelica, L. Z. (23 de Julio de 2016). *Arnaldoa*. Obtenido de http://doi.org/10.22497/arnaldoa.232.23209

Lozano, E. A., & Torres, G. A. (2017). PRACTICAL MODEL OF STRATEGIC MARKETING PLAN FOR MICRO AND SMALL TRANSFORMATION COMPANIES IN LAGOS DE MORENO, JALISCO. *RA XIMHAI*, 405-416.

Madrigal, F., Madrigal, S., & Cuauhtémoc, G. (2015). PLANEACIÓN ESTRATÉGICA Y GESTIÓN DEL CONOCIMIENTO EN LAS PEQUEÑAS Y MEDIANAS EMPRESAS, (PYMES), HERRAMIENTAS BÁSICAS PARA SU PERMANENCIA Y CONSOLIDACIÓN. *European Scientific Journal*, 139-150.

Mangani, R. F. (15 de 10 de 2014). *SlideShare*. Obtenido de https://es.slideshare.net/FelipeMangani/la-planeacin-y-el-concepto-de-sistema

Marcuello, S. C., & Nachar, C. P. (2013). La sociedad cooperativa: Motivación y coordinación. *REVESCO. Revista de Estudios Cooperativos*, 191-222.

Márquez, H. N. (20 de julio de 2012). *La actuación del notario en la sociedad de producción rural. Instituto de Investigaciones Jurídicas de la UNAM*. Obtenido de http://www.juridicas.unam.mx/

publica/librev/rev/podium/cont/10/cnt/cnt4.pdf: http://www.
juridicas.unam.mx/publica/librev/rev/podium/cont/10/cnt/
cnt4.pdf

Martínez, C. M. (2015). Stevia rebaidiana (Bert.) Bertoni. A review. *Cultivos Tropicales*, 5-15.

Méndez, E. F., & Saravia, H. R. (2012). Extracción de un edulcorante natural no calórico a escala de laboratorio a partir de "Stevia rebaudiana Bertoni" y su aplicación en la industria de alimentos. *Universidad de El Salvador Facultad de Ingeniería y Arquitectura. Escuela de Ingeniería Quimica e Ingeniería de Alimentos. San Salvador*, 20-27.

Montejo, M. J. (2010). *La innovación en sentido amplio: un modelo empresarial.* Madrid: Gráficas Arias Montano, S.A.

Montiel, H. M. (2017). *Diseño de un modelo de gestión de innovación para la producción de hortalizas bajo invernadero (Tesis de Doctorado).* Puebla: Universidad Popular Autonoma del Estado de Puebla.

Moreno, R., Aguilar, D., & Luévano, G. (2011). Caracteristicas de la agricultura protegida y su entorno en México. *Revista Mexicana de Agronegocios*, 763-774.

Novedades Agricolas. (19 de Mayo de 2018). Obtenido de http://www.novedades-agricolas.com/es/venta-invernaderos-novedades/invernaderos-cultivos/invernaderos-hortalizas

Olvera, R. (6 de Enero de 2018). *Relojes Olvera lll Generación*. Obtenido de Relojes Olvera lll Generación web site: http://www.zacatlandelasmanzanas.com.mx/historia.htm

Oregon, F. (2001). "Levantamiento de enfermedades y plagas en Ka'ahe'e Stevia rebaudiana (Bertoni)". *Revista de Ciencia y Tecnología. vol.1, no. 3*, 5-15.

Ortega, M. L., Ocampo, M. J., Sandoval, C. E., & Martínez, V. C. (2014). Characterization and functionality of greenhouses in Chignahuapan Puebla, Mexico. *Bio Ciencia*, 261-270.

Páez, V. L. (1 de Agosto de 2019). Obtenido de http://webcache.googleusercontent.com/search?q=cache:D3CxjJKT5GcJ:

masmarketingycun.weebly.com/redes-empresariales-y-asociaciones.html+&cd=10&hl=es-419&ct=clnk&gl=mx

Paz, J. I. (2005). PLANEACIÓN Y LA DIRECCIÓN ESTRATÉGICA: FUTURO DE LA EMPRESA COLOMBIANA. *EAFIT*, 1-21.

Pérez, J., & Cortes, J. A. (2007). Barreras para el aprendizaje organizacional. *Pensamiento y gestión*, 256-282.

Pichardo. (1984). *Introducción a la administración pública de México. Tomo ll: Funciones y especialidad.* México: INAP.

Porter, M. (1991). *VENTAJA COMPETITIVA.* Argentina: CECSA.

Qing, L. (2013). A novel Likert scale based on fuzzy sets theory. *Expert Systems With Applications. http://doi.org/10.1016/j. eswa.2012.09.015*, 1609-1618.

Quintana, E. (28 de Julio de 2019). Obtenido de https://webcache.googleusercontent.com/search?q=cache:bcuDigLpB04J: https://mexico.leyderecho.org/asociaciones-rurales-de-interes-colectivo/+&cd=5&hl=es-419&ct=clnk&gl=mx

Raffino, E. (26 de mayo de 2020). Obtenido de https://concepto.de/metodologia/

Ramirez, J. G., & Lozano, C. M. (2016). PRODUCTIVE POTENTIAL OF Stevia rebaudiana Bertoni UNDER IRRIGATION CONDITIONS IN MEXICO. *Agroproductividad: Vol. 9. Núm. 12*, 76-81.

Ramirez, J. G., & Lozano, C. M. (2017). Stevia Rebaudiana Bertoni Productin in Mexico. *Agroproductividad*, 84-90.

Ramírez, J. G., Avilés, B. W., Moguel, O. Y., Góngora, G. S., & May, L. C. (2012). Estevia (Stevia rebaudiana, Bertoni), un cultivo con potencial productivo en México. *Instituto Nacional de Investigaciones Forestales, Agricolas y pecuarias. Centro de Investigación Regional Sureste. Merida, Yucatán, México*, 88.

Ramirez, J., Avilés, B., Moguel, O., Gongora, G., & May, L. (2011). Estevia (Stevia rebaudiana, Bertoni). Un cultivo con Potencial Productivo en México en México. Publicación especial No.4. *Instituto Nacional de Investigaciones Forestales Agricolas y Pecuarias. Centro de Investigación Regional Sureste Mérida, Yucatán, México.*

Reddin consultants. (1986). CLASICOS DE LA GERENCIA. *Management Today*, 41-45.

Regalado, A. (19 de Abril de 2018). Historia de los invernaderos (SAGARPA). (H. Sergio, Entrevistador)

Robbins, S., & Coulter, M. (2005). *Administración*. México: PEARSON.

Ruiz, L., & Salgado, F. (2018). Modelo estratégico para incrementar el rendimiento (MEIR) en la pequeña y mediana empresa. *Visum Mundi, Vol. 2*, 191-198.

Saavedra, J. (2005). Administración Estratégica: Evolución y tendencias. *Economía y Administración*, 61-75.

SAGARPA. (2007). *Secretaria de del Medio Ambiente y Recursos Naturales. Diagnostico Socioeconómico y de manejo forestal Unidad de Manejo Forestal Zacatlán. Asociación Regionalde Silvicultores Chignahuapan-Zacatlán A.C.*

SAGARPA. (14 de 04 de 2016). *Superficie Agrícola Protegida*. Obtenido de http://www.sagarpa.gob.mx/quienesomos/datosabiertos/siap/Paginas/superficie_agricola_protegida.aspx(accessed on14 April 2016)

SAGARPA. (3 de Enero de 2017). Obtenido de https://www.gob.mx/sagarpa/articulos/tipos-de-estructura-para-la-agricultura-protegida?idiom=es

SAGARPA-SIAP. (2010). *Sistema de Información Agropecuaria de Consulta (SIACON)*. México: SAGARPA.

Salvador, R. R., Sotelo, H. M., & Paucar, M. (2014). Study of Stevia (Stevia rebaudiana Bertoni) as a naturalSweetener and its use in benefit of the healt. *Scientia Agropecuaria*, 157-163.

Sanchez, C., & Turceková, N. (2017). Caracterización de la agricultura y desarrollo rural de Eslovaquia. *Estudios Sociales*, 27-50.

Sánchez, I. (2017). *LA PLANEACIÓN ESTRATÉGICA EN EL SISTEMA DE SALUD CUBANO*. CUBA: MEDISAN.

Secretaria de Salud (SS). (2013). *Estrategia Nacional para la Prevención y el Control del Sobrepeso, la obesidad y la Diabetes.* México: IEPSA.

SIAP. (29 de Abril de 2016). Obtenido de https://www.gob.mx/siap/articulos/en-mexico-existen-25-814-unidades-de-produccion-de-agricultura-protegida?idiom=es

Sitio informativo de los gobiernos. (21 de Ago de 2018). *Gobiernos.* Obtenido de http://gobiernos.com.mx/que_es_un_gobierno_estatal.html

Sophie, V. (2017). Challenges of the primary sector and sustainable public policies. *Economia informa*, 29-39.

Steiner, G. (2014). *PLANEACIÓN ESTRATÉGICA Lo que todo director debe saber.* México: Patria.

Tecnologías, D. (27 de Mayo de 2018). Obtenido de https://webcache.googleusercontent.com/search?q=cache:iZ7m83alRAoJ:https://www.dmtecnologias.com.mx/blog/macrotunel-agricola/+&cd=3&hl=es&ct=clnk&gl=mx

Thompson, A. A., & Strickland, A. J. (1998). *Dirección y administración estratégicas: conceptos, casos y lecturas.* México: McGraw-Hill.

Torres, Z. (2014). *ADMINISTRACIÓN ESTRATÉGICA.* México: Grupo Editorial Patria.

Tzu, S. (2003). *El arte de la guerra.* Argentina: Del cardo.

Urbipedia. (23 de Junio de 2011). *EcuRed.* Obtenido de www.urbipedia.org

Valera, M. D., & Molina, A. F. (Mayo de 2008). *Phytoma.* Obtenido de http://www.phytoma.com/tienda/articulos-editorial/234-199-mayo-2008/3815-evolucion-tecnologica-de-los-invernaderos

Vazquez, R. N. (19 de Noviembre de 2015). Obtenido de http://centeotl.org.mx/web/?p=3409

Velázquez, R. (2013). Modelo de planeación estratégica en el Instituto Nacional de Ciencias Médicas y Nutrición Salvador Zubirán. *Revista de Investigación Clinica, Vol. 65, No.3,* 269-274.

Vida, A. (27 de 03 de 2019). Obtenido de Ubidación y Climas de Zacatlan http://www.elclima.com.mx/ubicacion_y_clima_de_zacatlan.htm

Ward, J. (2006). *El exito en los negocios familiares.* Bogotá Colombia: Norma.

Wikipedia. (22 de Octubre de 2013). *La Huertezuela Productos Ecologicos.* Obtenido de La Huertezuela Productos Ecologicos: http://lahuertezuela.com/index.php/todo-sobre-la-stevia/historia-de-la-stevia

Wikipedia. (1 de 05 de 2018). *Wikipedia.* Obtenido de https://es.wikipedia.org/wiki/Invernadero

Yadav, A., Singh, S., Dhyani, D., & Ahuaja, P. (2011). A review on the improvement of Stevia rebaudiana bertoni. *Canadian Journal of Plant Sciences.*

Yantis, M. (2011). Refrescos bajos en calorias. *Nursing,* 29-52.

Zheng, Z., Tang, Q., Zhang, Y., Li, C., & Zhang, L. (2018). *China Patente nº CN108782249.*

ANEXO 1

UNIVERSIDAD POPULAR AUTÓNOMA
DEL ESTADO DE PUEBLA

Sr. Productor, estamos realizando una encuesta con el fin de determinar parámetros de producción y realizar un diagnóstico respecto a las actividades que realizan bajo condiciones de invernadero, los datos que nos proporciones serán utilizados para fines académicos, marca la respuesta que consideres correcta.

FECHA: _____ LOCALIDAD: _____

A) PLANEACIÓN

1. - ¿Existe una planeación a futuro de tu organización?

Totalmente de acuerdo	De acuerdo	Ni de acuerdo ni en desacuerdo	En desacuerdo	Totalmente en desacuerdo

2. - ¿Participas en la planeación de tu empresa aportando ideas?

Totalmente de acuerdo	De acuerdo	Ni de acuerdo ni en desacuerdo	En desacuerdo	Totalmente en desacuerdo

3.   - ¿Trabajas con un modelo de planeación?

Totalmente de acuerdo	De acuerdo	Ni de acuerdo ni en desacuerdo	En desacuerdo	Totalmente en desacuerdo

4.   - ¿Planeas tu trabajo?

Totalmente de acuerdo	De acuerdo	Ni de acuerdo ni en desacuerdo	En desacuerdo	Totalmente en desacuerdo

B) ESTRATEGIA

5.   - ¿Cuenta con alguna estrategia para llevar a cabo sus actividades?

Totalmente de acuerdo	De acuerdo	Ni de acuerdo ni en desacuerdo	En desacuerdo	Totalmente en desacuerdo

6.   - ¿La estrategia es conocida por todos?

Totalmente de acuerdo	De acuerdo	Ni de acuerdo ni en desacuerdo	En desacuerdo	Totalmente en desacuerdo

7.   - ¿Al elaborar la estrategia los empleados participan en su elaboración?

Totalmente de acuerdo	De acuerdo	Ni de acuerdo ni en desacuerdo	En desacuerdo	Totalmente en desacuerdo

8.   - ¿Existe un modelo estratégico de trabajo?

Totalmente de acuerdo	De acuerdo	Ni de acuerdo ni en desacuerdo	En desacuerdo	Totalmente en desacuerdo

C) PRODUCCIÓN

9.   - ¿Qué variedad de jitomate es el que produce?

Semilla pre germinada Saladette RESERVA f1	V305F1 Saladette	Tomate Hibrido SUN 7705	Tomate Hibrido CIDF1	Tomate Hibrido RAMSES F1

10.   - ¿Qué superficie es la que siembra?

De 500 a 2000 m²	De 2001 a 3000 m²	De 3001 a 4500 m²	De 4501 a 5500 m²	Más de 5501 m²

11. - ¿Cuál es el volumen de producción por cosecha?

De 5 a 20 ton	De 21 a 40 ton	De 41 a 50 ton	De 51 a 60 ton	Más de 61 toneladas

12. - ¿Cuántas cosechas tiene por año?

Una	Dos	Tres	Cuatro	Cinco

13. - ¿Qué tan de acuerdo está en producir (germinar) tu propia plántula de jitomate?

Totalmente de acuerdo	De acuerdo	Ni de acuerdo ni en desacuerdo	En desacuerdo	Totalmente en desacuerdo

14. - ¿En algún momento ha pensado en lugar de producir jitomate producir otra verdura o planta?

Totalmente de acuerdo	De acuerdo	Ni de acuerdo ni en desacuerdo	En desacuerdo	Totalmente en desacuerdo

D) VENTAS Y MERCADEO

15. - ¿Quién pone el precio?

Se fija en base a la competencia	Negociación entre comprador y vendedor	Usted como vendedor	El comprador	Algún Órgano oficial

16. - ¿Cuál es el mercado al que se destina el producto?

Nacional	Mayorista	Mercado local	Consumidor final	Procesadoras

17. - ¿Qué tan de acuerdo está en que las ventas tienen temporadas altas y bajas?

Totalmente de acuerdo	De acuerdo	Ni de acuerdo ni en desacuerdo	En desacuerdo	Totalmente en desacuerdo

18. - ¿Cuáles son los factores más importantes para generar satisfacción en el cliente?

La calidad	El servicio	El valor	La satisfacción	El conocimiento

E) RECURSOSO HUMANOS

19. - ¿De qué institución ha recibido capacitación? Señale una sola

SAGARPA	INIFAP	Instituciones Educativas	Asesores técnicos	Aprendizaje autodidacta

20. - ¿Cómo ha implementado la higiene, salud y seguridad de los trabajadores? Favor de indicar la de más relevancia

La utilización del equipo de protección e higiene	Botiquín de primeros auxilios	Mediante información	Mantenimiento a equipos de trabajo	Cursos de seguridad

21. - ¿Cuál es el trabajo que representa el mayor uso de mano de obra?

Trasplante	Tutorado	Poda	Germinado	Cosecha

F) CONOCIMIENTO DE PRODUCCIÓN DE STEVIA

22. - ¿Conoces la Stevia?

Totalmente de acuerdo	De acuerdo	Ni de acuerdo ni en desacuerdo	En desacuerdo	Totalmente en desacuerdo

23. - ¿Qué tan de acuerdo está en producir Stevia?

Totalmente de acuerdo	De acuerdo	Ni de acuerdo ni en desacuerdo	En desacuerdo	Totalmente en desacuerdo

24. - ¿Consideras que la Stevia sería un buen producto para producir?

Totalmente de acuerdo	De acuerdo	Ni de acuerdo ni en desacuerdo	En desacuerdo	Totalmente en desacuerdo

25. - ¿Estás de acuerdo en que la Stevia casi no se produce en México?

Totalmente de acuerdo	De acuerdo	Ni de acuerdo ni en desacuerdo	En desacuerdo	Totalmente en desacuerdo

26. - ¿Qué tan fácil considera que es el germinado de Stevia?

Muy fácil	Fácil	Ni fácil ni difícil	Difícil	Muy difícil

27. - ¿Es fácil producir Stevia?

Totalmente de acuerdo	De acuerdo	Ni de acuerdo ni en desacuerdo	En desacuerdo	Totalmente en desacuerdo

G) COSTO

28. - ¿Tiene conocimiento de cuánto cuesta la semilla de Stevia?

Exageradamente mucho	Mucho	Ni mucho ni poquito	Nada	Totalmente nada

29. - ¿Qué tan de acuerdo está en que la semilla de Stevia sea muy costosa?

Totalmente de acuerdo	De acuerdo	Ni de acuerdo ni en desacuerdo	En desacuerdo	Totalmente en desacuerdo

30. - ¿Si el costo de la semilla de Stevia es económico estaría usted dispuesto a producirla en su invernadero?

Totalmente de acuerdo	De acuerdo	Ni de acuerdo ni en desacuerdo	En desacuerdo	Totalmente en desacuerdo

H) BENEFICIO

31. - ¿Qué tan de acuerdo está en que la planta de Stevia es benéfica para la salud?

Totalmente de acuerdo	De acuerdo	Ni de acuerdo ni en desacuerdo	En desacuerdo	Totalmente en desacuerdo

32. - ¿La Stevia es una buena opción y benéfica para los diabéticos?

Totalmente de acuerdo	De acuerdo	Ni de acuerdo ni en desacuerdo	En desacuerdo	Totalmente en desacuerdo

33. - ¿Sabía que la Stevia uno de sus beneficios es que se puede utilizar para cocinar u hornear?

Totalmente de acuerdo	De acuerdo	Ni de acuerdo ni en desacuerdo	En desacuerdo	Totalmente en desacuerdo

I) CAPACITACIÓN

34. - ¿Qué tan de acuerdo está en recibir capacitación para producir Stevia en su invernadero?

Totalmente de acuerdo	De acuerdo	Ni de acuerdo ni en desacuerdo	En desacuerdo	Totalmente en desacuerdo

35. - ¿Considera necesaria la capacitación?

Totalmente de acuerdo	De acuerdo	Ni de acuerdo ni en desacuerdo	En desacuerdo	Totalmente en desacuerdo

36. - ¿Qué tan de acuerdo en que con la capacitación se mejoran los sistemas de producción?

Totalmente de acuerdo	De acuerdo	Ni de acuerdo ni en desacuerdo	En desacuerdo	Totalmente en desacuerdo

GRACIAS POR SU PARTICIPACIÓN EN ESTA INVESTIGACIÓN DIAGNOSTICA

AUTORES

Dr. Sergio Hernández Corona, Ingeniero Industrial en Sistemas de Producción por el Instituto Tecnológico de Apizaco, Maestro en Ciencias de la Calidad por la Universidad Autónoma de Tlaxcala, Doctor en Planeación Estratégica y Dirección de Tecnología por la Universidad Popular Autónoma del Estado de Puebla, cuenta con 8 años de experiencia en la industria maquiladora Linda vista de Tlaxcala, incursionando en diferentes puestos, profesor de tiempo completo titular "A" en el área de Ingeniería Industrial, en el Instituto Tecnológico Superior de la Sierra Norte de Puebla, Perfil deseable ante el PRODEP, responsable y líder del Cuerpo Académico Ciencias de la Ingeniería del ITSSNP, cuenta con seis capítulos de libro, autor de dos libros denominados Tópicos Tecnológicos Científicos y Ambientales tomo 1 y 2, tres artículos indexados y 6 artículos de divulgación, 7 Capítulos de libro, se cuenta con dos certificaciones una en Solidworks y otra en Excel, participación en dos eventos internacionales de Expo ciencias una en Santiago de Chile y Colombia, otra en Fortaleza Brasil.

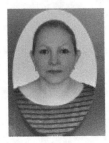

Dra. Ingrid Nineth Pinto López, es profesor-investigador de la Facultad de Administración de Empresas e Inteligencia de Negocios de UPAEP, miembro del Sistema Nacional de Investigadores, especialista en planeación estratégica y dirección de tecnología, bases de datos e inteligencia de negocios. Con estudios de maestría y licenciatura en Ciencias de la Computación y doctorado en Planeación Estratégica y Dirección de Tecnologías.

Actualmente es coordinadora del Observatorio de Competitividad y Nuevas Formas de Trabajo de la escuela de negocios en UPAEP, coordina también el arbitraje internacional de la Asociación Latinoamericana de Facultades y Escuelas de Contaduría y Administración (ALAFEC), es miembro de la Red de Facultades de Economía de Barcelona, España, miembro honorario de la Ilustre Academia Iberoamericana de Doctores y miembro de la Organization for Women in Science for the Developing World (OWSD).

Dr. José Víctor Galaviz Rodríguez, Profesor Investigador T.C. Titular "B", Líder del Cuerpo Académico Ingeniería en Procesos UTTLAX-CA-2 en Consolidación. Adscrito a la Carrera de Ingeniería en Procesos y Operaciones Industriales. Miembro del Sistema Nacional de Evaluación Científica y Tecnológica RCEA-07-26884-2013 área 7 Ingeniería e Industria. CONACYT.

Dr. David Gallardo García, Ingeniero Industrial en Producción (Instituto Tecnológico de Apizaco), Maestro en Administración de organizaciones (Universidad Autónoma de Tlaxcala) y Doctor en Planeación Estratégica y Dirección de Tecnología en la UPAEP (Universidad Popular Autónoma del Estado de Puebla).

Actualmente director de Edusoft Soluciones una empresa dedicada al desarrollo de Software, plataformas tecnológicas de aplicación educativa y docente, 15 años de experiencia en el sistema de educación superior como Profesor de Tiempo completo, Secretario Académico, Director del Programa Educativo de Ingeniería Industrial en la Universidad Politécnica de Tlaxcala y Universidades privadas; par evaluador y miembro del comité de Ingeniería y Tecnología de los CIEES (Comités Interinstitucionales de Evaluación de la Educación Superior); en la industria 14 años de experiencia como Gerente de Producción en Intimark Toluca, Gerente de Planta en Vista de Huamantla, Gerente Ingeniería en Lindavista de Tlaxcala, Jefe de Ingeniería Industrial en Acumuladores Mexicanos, y Superintendente de producción en Crisol Textil.

Ultima formación recibida: Diplomado "Seis Sigma" como Green Belt por la Universidad de la Américas Puebla, Diplomado de Educación basada en Competencias, Formación y desarrollo de auditores internos ISO 9001/19011 y miembro de ASQ (American Society of Quality).

Printed in the United States
by Baker & Taylor Publisher Services

Printed in the United States
by Baker & Taylor Publisher Services